Software Design plus

systemdの思想と機能

[Linuxを支えるシステム管理のためのソフトウェアスイート]

森若 和雄 ［著］

技術評論社

はじめに

systemd とは

systemdは、Linuxの基本的な構成要素を提供するさまざまなソフトウェアを提供するプロジェクトです。PID 1である systemd プロセスはシステムやサービスを管理します。そのほかにもハードウェアの追加や削除を管理する systemd-udevd、ログを管理する systemd-journald など多数の独立したソフトウェア群からなっています。systemd プロジェクトは2010年から開始していて、多数のディストリビューションで採用されています。Red Hat Enterprise Linux（以下、RHEL）では2014年のRHEL 7から採用されています。

本書はどんな本か

本書はsystemdが何を提供しているかの概要をつかむことを目的としています。systemdはman pageをはじめとしたドキュメントが充実しています。日常的な利用の範囲に関しては、ドキュメントに何も記述されていないということはほとんどありません。しかし、systemdがそもそもどんなサービスを提供しているかを知らない場合は、「どのドキュメントを読めばいいのか」「何を探すべきなのか」の見当がつかないでしょう。「よくわからなくても、とにかく全部読む」というアプローチを採るにはドキュメントの量が多く、背景となるLinuxカーネルの機能を前提知識としているケースもあります。そのため、初心者や中級者には取っつきにくい部分もあると思います。

本書では、（筆者の業務でよく登場する）RHEL 8および9、Fedora 37を対象として、次のようなシーンで役立つ、取っ掛かりとなるようなトピックを選んでいます。各章には関連するman pageなどのポインタを含めています。

- systemdの設定を変更する
- unit fileを解釈／作成／変更する
- systemdが記録したログを読む
- systemdに含まれるサービスに対応するLinuxカーネルの機能を知る

これらの内容の多くは、Debian、Ubuntu、openSUSEなどほかのディストリビューションでも有効なはずです。しかし、ディストリビューションごとにsystemdのどの機能が採用されているか、ほかの管理ツールなどとどのように統合されているかは異なりますので、ご注意ください。

本書に書かれていないもの

一方で、次のような内容は本書には書かれていません。

- systemdの基本的な操作
- unit fileの作り方
- 手順の詳細な説明
- ディレクティブやオプションの一覧表
  - （これらの情報はman systemd.directivesや各コマンドのman pageにあります）
- LSBスクリプトのsystemd unitへの移植
- RHELでサポートされないsystemdサービスの多く
  - systemd-boot
  - portable service
  - systemd-homed
  - systemd-nspawndによるコンテナなど

読者の方へ

systemdは登場から10年以上が経過して急速に普及したため、読者の多くはすでに日常的にsystemdを利用していると思います。もしも読者にとってsystemdが「基本的な使い方しかわからないブラックボックス」であるなら、本書はまさにそのような人のための本です。

本書では、初心者向けの手順というよりは「日常の作業に必要な最低限度の知識」から一歩踏み込んだ話題を扱うようにしています。読者がsystemdのman pageを読んだり、さらには親しみを持ち「systemdで何ができそうか／何ができなそうか」「systemdならこの問題に対応していそう」といったアタリがつくようになったり、そのようなことの助けになれればと思っています。

森若 和雄

目次

第1章　systemdとは　　　　　　　　　　　　　　　　　　　　　　　　　　1

第2章　unitとunit file　　　　　　　　　　　　　　　　　　　　　　　　　11

第3章　unitの状態、unit間の依存関係、target unit　　　　　　　　　　27

第7章　generatorとmount/automount/swap unit　81

第8章　control group、slice unit、scope unit　91

第9章　udev、device unit　101

第10章　systemd-journald　113

systemctl status の出力に対応する本書の章

systemdにおけるunit状態を確認するsystemctl status <u>ユニット名</u>コマンドの出力例を基に、対応する説明が含まれる本書の章を次に示します。これを見ると、systemctl statusはよく使う情報をコンパクトにまとめて表示していることがわかります。

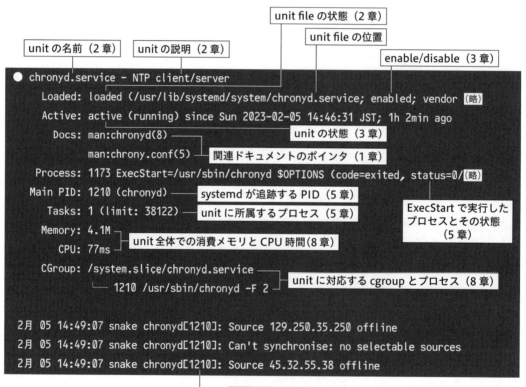

第 1 章

systemd とは

1.1　systemdとは

systemdは、Linuxの基本的な構成要素を提供するソフトウェアスイートです。PID（プロセスID）が1のsystemdプロセスはシステムやサービスを管理しますし、systemd-udevdはハードウェアの追加や削除を管理します。また、systemd-journaldはログを管理します。systemdはこれらの多数の独立したソフトウェア群からなっています。

systemdは2010年に最初のリリースを行い、2011年にFedoraへ統合、2014年にRed Hat Enterprise Linux（RHEL）およびSUSE Linux Enterprise Server（SLES）へ統合、2015年にDebianの（複数のinit実装がある中の）デフォルトになりました。もう初リリースから10年ほど経ち「普及している」と言って良いと思います。一方で、systemdが管理する範囲は（とくに新機能というわけではない、5年以上前からある機能であっても）あまり認知されていないように感じています。

本書では、systemdの使い方よりも、基盤となっている考え方を紹介します。単なるsysvinit[注1]の置き換えではないsystemdに独特な側面を扱います。具体的には、unit間の依存関係、ランレベル（runlevel）ではなく名前による状態の指定、control group（cgroup）によるプロセスの追跡など、典型的な`systemctl status`コマンドの出力（**図1.1**）などを読むときや自作のunit fileを作り込むときに必要な概念を扱っていきます。

▌図1.1　systemctl statusの出力例

```
$ systemctl status cockpit.socket
● cockpit.socket - Cockpit Web Service Socket
Loaded: loaded (/lib/systemd/system/cockpit.socket; enabled; vendor （略）
Active: active (listening) since Thu 2021-04-01 09:13:30 JST; 1h 5min ago
Triggers: ● cockpit.service
Docs: man:cockpit-ws(8)
Listen: [::]:9090 (Stream)
Process: 1077 ExecStartPost=/usr/share/cockpit/motd/update-motd （略）
Process: 1085 ExecStartPost=/bin/ln -snf active.motd /run/cockpit/（略）
Tasks: 0 (limit: 38431)
Memory: 2.0M
CPU: 7ms
CGroup: /system.slice/cockpit.socket
```

注1　UNIX System V を発祥とする init の実装または類似した別実装。7 種類の runlevel を切り替え、サービスはあらかじめ管理者が決めた順序で逐次的に起動または終了する。2002 年ごろまでは多くの Linux ディストリビューションで採用されていた。

```
4月 01 09:13:30 dragon systemd[1]: Starting Cockpit Web Service Socket.
4月 01 09:13:30 dragon systemd[1]: Listening on Cockpit Web Service Socket.
```

「systemd は sysvinit の置き換えである」と聞いたことがある人は多いと思います。間違いでは
ないのですが、この説明は systemd のほんの一部の側面だけを表したものです。実際のディスト
リビューションでは幅広く systemd の機能が活用されていますから「systemd が（扱うと思って
いなかったものを）いろいろやっているけどよくわからない」ということになるケースも多いと
思います。

　systemd のホームページには、次のように「systemd とは何か」が紹介されています。

　　systemd は、Linux システムの基本的な構成要素のスイートです。systemd は PID 1 として
　　動作し、システムの残りの部分を起動するシステムおよびサービスマネージャーを提供しま
　　す。

　　systemd は積極的な並列化機能を提供します。サービスの起動にソケットと D-Bus によるア
　　クティベーションを使用します。デーモンのオンデマンド起動を提供します。Linux control
　　group（cgroup）を使用してプロセスを追跡します。マウントポイントとオートマウントポ
　　イントを維持します。精巧なトランザクションのあるサービス間依存関係による制御ロジッ
　　クを実装しています。systemd は SysV と LSB の init スクリプトをサポートし、sysvinit の代
　　替として動作します。

　　ほかにも「ログデーモン」「ホスト名、時刻、ロケール（locale）などの基本的なシステム設
　　定を制御するユーティリティ」「ログインユーザー、実行中のコンテナ、仮想マシンのリス
　　ト管理」「システムアカウント、ランタイムディレクトリ、設定を管理するユーティリティ」
　　「シンプルなネットワーク設定、ネットワーク時刻同期、ログ転送、名前解決を管理するデー
　　モン」などがあります。
　　（出典：systemd のホームページ（https://systemd.io/）　※英文を筆者にて翻訳）

　systemd は（すべてを利用する必要はありませんが）多数のサービスやユーティリティ、ライ
ブラリの集合で、システムやサービスを管理します。さらに現代のニーズに合わせて、Linux が
提供するさまざまな機能を活用できるように作成されています。
　`rpm -ql systemd | grep bin/` や `dpkg -L systemd | grep bin/` と実行して、自分のシステムの
systemd に含まれているコマンド群を出力した結果を**表1.1**に整理しました。初めてこれらのコ

マンドを実行する人は予想よりも多くのソフトウェアが含まれていて驚かれるかと思いますが、1つずつ調べればそれほど不思議なものはありません。RHELやDebianではsystemdの一部機能は別パッケージに分離されていて、必要に応じて別途追加できるようになっています。

▌ 表1.1　RHEL 9のsystemdパッケージに含まれるコマンド群

コマンドのパス	説明（括弧内は本書で扱っている章番号）
/usr/bin/busctl	D-Busの状態確認やモニタリング（第14章）。
/usr/bin/coredumpctl	core dumpの管理を行う（第11章）。
/usr/bin/hostnamectl	ホスト名やホストのアイコンなどを設定する。
/usr/bin/journalctl	ログの管理を行う（第10章）。
/usr/bin/localectl	システムのロケールやキーボードの設定を行う。
/usr/bin/loginctl	ログインセッションの管理を行う（第12章）。
/usr/bin/systemctl	systemdの管理を行う。
/usr/bin/systemd-analyze	systemdの分析やデバッグ用のツール。
/usr/bin/systemd-ask-password	ユーザーのパスワード確認を行う。
/usr/bin/systemd-cat	systemd-journaldに接続してコマンド実行またはパイプからjournalへの出力を行う（第10章）。
/usr/bin/systemd-cgls	control groupのツリーと所属プロセスを表示する（第8章）。
/usr/bin/systemd-cgtop	control groupごとのCPUやメモリ使用量を表示する（第8章）。
/usr/bin/systemd-creds	unitで使う認証情報の暗号化や一覧を行う（第16章）。
/usr/bin/systemd-delta	systemdでデフォルトから変更されている設定を表示する（第2章）。
/usr/bin/systemd-detect-virt	現在動作している環境が仮想化環境か、その種類は何かなどを検出する。
/usr/bin/systemd-dissect	OSイメージファイルの操作を行う。
/usr/bin/systemd-escape	任意の文字列をsystemdのunit名に使える文字列にエスケープする。
/usr/bin/systemd-firstboot	OSの初回起動時のセットアップを行うサービス。
/usr/bin/systemd-id128	systemdで利用するランダムなIDの生成と表示を行う。
/usr/bin/systemd-inhibit	システムのロック、スリープ、シャットダウンなどを禁止できるプロセスの管理を行う（第12章）。
/bin/systemd-machine-id-setup	システムのUUIDが含まれる/etc/machine-idの初期化を行う。
/usr/bin/systemd-mount	一時的なmount unitを作成してsystemdにマウント処理をさせる（第7章）。
/usr/bin/systemd-notify	デーモンを実装しているスクリプト内からsystemdへデーモンの状態変更を通知する（第5章）。
/usr/bin/systemd-path	system、user、systemdで利用する各種パスを表示／検索する。
/usr/bin/systemd-run	一時的なunitを作成してコマンド群を実行する（第4章）。
/usr/bin/systemd-socket-activate	socket activation対応デーモンをテストする。
/usr/bin/systemd-stdio-bridge	systemctlがssh経由でリモートのsystemdを管理する際に内部的に利用される。
/usr/bin/systemd-sysext	/usr/や/opt/がread onlyな環境で専用のイメージを利用して拡張／変更するサービス。
/bin/systemd-sysusers	システムのユーザーとグループを作成する（第13章）。
/bin/systemd-tmpfiles	設定に従って一時的なファイルの作成、削除、クリーンアップを行う（第13章）。

/bin/systemd-tty-ask-password-agent	systemd-ask-passwordでリクエストされたパスワード確認を端末で処理するエージェント。
/usr/bin/systemd-umount	systemd-mountでのマウントをアンマウントさせる（第7章）。
/usr/bin/timedatectl	日付、時刻、RTC、タイムゾーンなどの設定を行う。

1.2　なぜsystemdは広い領域を扱うのか

　systemdはある種の「世界征服」を行っています。たとえば、デバイスの挿抜などのイベントを受け取りデバイス管理を行うudevは、現在systemdのソースツリーに統合されています。ほかにも従来独立したプロジェクトで行われていたブートローダやネットワーク管理などもsystemdは扱います。

　なぜsystemdプロジェクトが幅広い領域を扱っているかを理解するには「現代のLinux環境でシステムやサービスを起動／終了／管理するPID 1が扱えるべきものは何か？」という観点で考えるとヒントが得られます。現代のLinux環境にはどのような特徴があるでしょうか。次に例を挙げてみます。

- とくにデスクトップ用途でシステムの起動時間およびシャットダウン時間が重要です。サーバ用途でも負荷による自動スケーリングのような場面では重要です。systemdはサービスの依存関係やソケットを管理し、実際に必要になるまでプロセス起動を遅延させたり、起動を並列に行ったりするしくみを備えており、起動時間を短縮します。

- デバイスの構成がダイナミックに変化します。ノートPCでは日常的にBluetoothやWi-FiアダプタがON/OFFされ、USB接続のあらゆるデバイスがダイナミックに接続／切断されます。それに併せて必要な初期化／後処理やサービスの管理が必要です。サーバ用途でもCPU、ストレージ、NIC（Network Interface Card）などのhot add/remove[注2]が利用されます。携帯電話などではネットワークもダイナミックに接続／切断され、同時に複数のネットワークと通信することも、外部へのネットワーク接続がなくなることもあります。

- 同一のディスクイメージがベアメタル、仮想マシン、コンテナのいずれの環境でも動作できることが望ましいです。systemdは動作環境を自動判別し、特定の環境でのみ必要なサービスを自動起動するなどの動作ができます。

- デスクトップ環境や管理ツールとの連携にAPIが必要です。systemdではD-Bus（第14章）によるAPIを提供しています。

注2　システムを停止せずにハードウェア資源を追加／削除すること。

- btrfsやLVM thin provisioningによりストレージのスナップショットを作成できる基盤が整い、スナップショットから起動したいニーズがあります。systemdではブートローダとその管理を行うツールを含んでいます（RHEL 9時点では同梱されていません）。
- PID、GID、ulimitといった古典的な権限管理／リソース管理だけでなく、ケーパビリティ（capability）、namespace、control group、SELinux context、seccomp、cpumaskといったリソース制御や権限管理のしくみがLinuxで多数提供されています。これは後述するサービス管理に統合され、systemd本体の重要な機能です。
- rpmやdebなどのパッケージによるソフトウェアの管理が行われています。パッケージのデフォルト設定をシステム管理者は競合を起こさずに自由に変更でき、パッケージを更新しても変更が維持されることが期待されます。systemdでは宣言的な設定書式と、ディレクトリ構成の工夫により、パッケージ更新による副作用を抑えつつ管理者が設定をオーバーライドできるようにしています。

systemdがこれらのさまざまな前提に対応していく中で、systemdに新規のソフトウェアが追加されたり、ほかのソフトウェアのsystemd対応が進んだりしています。

1.3 サービス管理にみるsystemdの特徴

systemdが対象とする範囲は幅広いですが、最もよく触れるものはサービス管理でしょう。ユーザーが`systemctl start httpd.service`のようなコマンドでサービス起動を指示した場合に、systemdは何を行う必要があるかを考えてみましょう。

- 指定されたサービスが定義されていることを確認する。
- サービスの起動の前提となる設定ファイルやデバイスの存在などを確認する。
- 前提条件を満たすために必要な他サービスの起動などを行う。
- サービスの状態を確認し、二重起動などを予防する。
- サービスに対応するプロセスを起動するため、systemdはfork()して、環境をセットアップする（**図1.2**）。Linuxカーネルの機能が多いことにあわせて多数あるが、代表的な例は次のとおり。
    - サービスに対応したcontrol groupを作成する。
    - control groupに対してCPUのshareやメモリ上限、I/Oの帯域制御を設定する。
    - 環境変数を設定する。
    - PID、GIDを設定する。
    - 標準入力、標準出力、標準エラー出力を適切なファイルやソケットに接続する。

1

- ほかに指定があればファイルやソケットなどを準備する。
- setrlimit でファイルディスクリプタ数の上限を設定する。
- /tmp や /home などほかのサービスから独立させたいディレクトリ、アクセスできなくしたいディレクトリがあれば mount namespace を作り bind mount などで設定する。

- システムごとに実行タイミングをずらしたいサービスには、実行前にランダムな時間待機する。
- サービスを実行するために 1 つまたは複数のプロセスを起動し、終了したプロセスのエラーコードによる分岐処理などを行う。
- サービスの実行状態を監視するための代表プロセスを決める。
- サービスの状態を監視する。サービスを実装しているプロセスの振る舞いにより、監視方法やどのような条件でサービスが「起動している」または「終了している」とみなすかを変える。

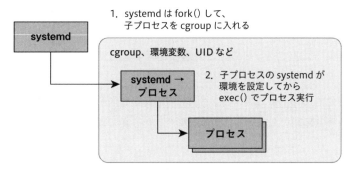

▌ 図1.2　systemd が実行環境を用意する

実行環境のセットアップ

　プロセスのために環境をセットアップする機能が充実していることは、sysvinit と比較したときの大きな強化ポイントの1つです。systemd は、プロセス実行環境を詳細に設定できます。具体的には環境変数、ユーザーやグループの権限、root 権限を細かく分解したケーパビリティ、ulimit などで行っていたリソース制限、cgroup の各種コントローラによるメモリや CPU リソース割り当ての重みづけの変更や上限設定など多岐にわたります。リソース制御は必要最小限の権限やリソースだけを与えて起動でき、一部のケースでは脆弱性に対する緩和策としても有益ですし、反対にリソースを多く与えたいときにも有用です。

　通常、これらの指定は順に実行されるスクリプトではなく、unit file と呼ばれる宣言的な形式で定義します。同一項目を複数回に分けて記述する場合を除けば、記述の順序は影響しません。

そのため、複数ファイルに記述を分割でき、管理者による部分的な変更が行いやすくなっています。このunit fileについては、第2章で詳しく紹介します。

　かつてsysvinitでサービスfooに与えるリソースを制御するには、管理者がシェルスクリプトである/etc/init.d/fooを編集してulimitコマンドを実行するなどの対応をしていました。このやり方はとりあえず動作はするのですが、思わぬ副作用が発生するケースがありました。多くのパッケージ管理システムは/etc/init.d/fooを実行ファイルとして扱うため、パッケージを更新するときに置き換えられてしまうのです。systemdではパッケージによるunit fileは/usr/lib/systemd/system/foo.serviceで記述され、管理者は/etc/systemd/system/foo.service.d/override.confファイルへ記述して変更を指示し、これらをsystemdが統合して処理します。このしくみはパッケージ更新が行われても直接影響する変更がなければうまく対応できます。

共通処理の実施

　systemdは従来各サービスで実装していた共通の処理を実施できます。具体的には、

- daemonizeと呼ばれる端末やセッションと実行中のプロセスを切り離すための手順
- いったんroot権限で起動し、部分的に権限を制約したうえで本来利用したいUIDやGIDに変更する処理
- ログ基盤との接続

などです。systemdの利用を前提として新規にサービスを作成するなら、かなりの省力化になります。同一目的の別実装が多くのプログラムにバラバラに含まれているよりも、メンテナンスや機能改善が容易になります。

代表プロセスの監視

　サービスの代表プロセスを監視する能力がある点も、systemdの特徴です。たとえば、代表プロセスが異常終了した場合に自動再起動させるには、unit fileにRestart=on-failureと記述します。すると、systemdは代表プロセスが終了してかつexit codeが0でない場合に再起動を試みます。どのような場合に再起動するべきかはプログラムによって異なりますから、条件を設定するための指定がいくつかあります。

　systemdは1つのunitにつき1つのプロセスだけを代表プロセスとして監視します。複数のプロセスを同時に代表プロセスとすることはできません。

1.4 systemdの資料とドキュメント

systemdのWebサイトとして次の2つがあります。

- 2010年ごろからあるFreedesktop.org内の「https://www.freedesktop.org/wiki/Software/systemd/」
- 現在おもにメンテナンスされている「https://systemd.io/」

Freedesktop.orgにはsystemd自体を紹介するスライドやブログ記事へのリンク、最新のman pagesなどがあります。systemd.ioではsystemdの利用するインターフェースやsystemdが扱うコンセプト、systemdプロジェクト自体についてのドキュメントがメンテナンスされています。

上に示したサイトとman pageを中心とした文書化が充実していることはsystemdの特徴の1つです。systemdの各コマンド、デーモン、設定ファイル、APIはもちろん、systemdに標準で含まれているunit、unit fileの書き方、時間の表記方法やファイルシステムのツリーについてのman pageもあります。たとえば、筆者が利用しているFedora 37環境のsystemdパッケージには190ファイルのman pageが含まれています。数が多過ぎて圧倒されるかもしれませんが、man pageの第7章に所属するページが概要説明やほかのman pageへのリンク集になっているので、眺めておくと必要になったときに調べやすいです。端末（ターミナル）で`man systemd.index`と実行するとsystemdの全man page一覧が表示される[注3]ので、その中で（7）となっているものを検索すると便利です。

単にドキュメントが用意されているだけでなく、`systemctl status`などの出力画面にドキュメントへのリンクが含まれています。たとえば、`systemctl status systemd-binfmt`と実行すると、サービス自体の名前や状態、ログなどと併せて、「Docs:」で始まる行にman pageや関連ドキュメントへのリンクが示されていることがわかります（**図1.3**）。

注3　この情報の最新版は、「https://www.freedesktop.org/software/systemd/man/index.html」です。

▌ 図1.3　systemctl status コマンドでの関連 man page や URL の表示例

```
$ systemctl status systemd-binfmt
● systemd-binfmt.service - Set Up Additional Binary Formats
   Loaded: loaded (/usr/lib/systemd/system/systemd-binfmt.service; static; vendor ⬎
preset: disabled)
   Active: inactive (dead)
Condition: start condition failed at Tue 2023-05-16 17:33:55 JST; 6h ago
     Docs: man:systemd-binfmt.service(8)
           man:binfmt.d(5)
           https://www.kernel.org/doc/html/latest/admin-guide/binfmt-misc.html
           https://www.freedesktop.org/wiki/Software/systemd/APIFileSystems
```

unit と unit file

2.1　unitとは

　本章ではsystemdの中心的なコンセプトであるunitと、その設定ファイルであるunit fileを見ていきましょう。

　systemdは各種のリソースをunitとして抽象化し、unitの状態を切り替えたり、unit間の依存関係を計算したりして各種の操作を行います。unitは扱うものにより複数のタイプに分類され、現在11種類のタイプがあります。systemdが管理するサービス（service）、デバイス（device）、マウントとswap（mount、automount、swap）、ファイル監視（path）、socketやD-Busの待ち受け（socket）、タイマー（timer）のほか、Linux control groupの管理（scope、slice）と、何もしないが依存関係の整理に使われるもの（target）があります。

　それぞれのunit名に拡張子としてタイプ名が付きます。たとえば、unit名がhttpd.serviceの場合にはタイプはserviceで、serviceタイプについてのman pageはsystemd.service（5）です。unitのタイプによらず共通の内容については、man page systemd.unit（5）に記載があります。多くの場合、unit名と同じ名前のファイル（unit file）でunitの設定を行います。

　`systemctl list-units -a`コマンドで、現在systemdが扱っているunitの一覧を見ることができます（**図2.1**）。各カラムはUNIT（unit名）、LOAD（unit fileをメモリ上に読んでいるか）、ACTIVE（unitの状態）、SUB（unitのactive/inactiveより細かなサブ状態）、DESCRIPTION（unitの説明）となっています。

　unitにはsystemとuserの区別があります。systemは、システム起動時に動作するPID 1のsystemdが管理するunitです。userは、ユーザーごとにそのユーザーの権限で起動されるsystemdが管理するunitです。ユーザーごとのsystemdはログインのタイミングで起動し、ログアウトのタイミングで終了するようなサービス（GNOMEのgvfs、pulseaudio、tracker、emacsserver、syncthingなど）の管理を行います（第4章コラム「ユーザーセッション用systemd」を参照）。本章はsystemだけを扱います。

▌図 2.1 systemctl list-units -a の出力例

2.2 unit が持つ情報

　まず、実際に unit の内容を見てみましょう。systemctl show foo.service のように実行すると、systemd が unit について扱う情報が表示されます。例として chronyd.service の出力を示します（**図2.2**）。service unit の内容は 200 行以上になるため一部のみ紹介します。

▌図 2.2 systemctl show の出力例（chronyd.service の場合）

```
Type=forking
Restart=no
PIDFile=/run/chrony/chronyd.pid
NotifyAccess=none
(..略..)
ExecMainStartTimestamp=Thu 2021-04-01 09:13:31 JST
ExecMainStartTimestampMonotonic=7338432
ExecMainExitTimestampMonotonic=0
ExecMainPID=1382
ExecMainCode=0
```

```
ExecMainStatus=0
ExecStart={ path=/usr/sbin/chronyd ; argv[]=/usr/sbin/chronyd $DAEMON_OPTS ; ⏎
ignore_errors=no ; start_time=[n/a] ; stop_time=[n/a] ; pid=0 ; code=(null) ; ⏎
status=0/0 }
ExecStartEx={ path=/usr/sbin/chronyd ; argv[]=/usr/sbin/chronyd $DAEMON_OPTS ; ⏎
flags= ; start_time=[n/a] ; stop_time=[n/a] ; pid=0 ; code=(null) ; status=0/0 }
Slice=system.slice
ControlGroup=/system.slice/chrony.service
MemoryCurrent=2998272
CPUUsageNSec=1438677000
(..略..)
Id=chrony.service
Names=chrony.service chronyd.service
Requires=system.slice tmp.mount sysinit.target -.mount
Wants=time-sync.target
WantedBy=multi-user.target
Conflicts=openntpd.service shutdown.target ntp.service ntpsec.service
Before=time-sync.target shutdown.target multi-user.target
After=tmp.mount basic.target systemd-journald.socket network.target sysinit.tar>
RequiresMountsFor=/var/tmp /tmp
Documentation="man:chronyd(8)" "man:chronyc(1)" "man:chrony.conf(5)"
Description=chrony, an NTP client/server
LoadState=loaded
ActiveState=active
FreezerState=running
SubState=running
FragmentPath=/lib/systemd/system/chrony.service
(..略..)
```

　systemctl show の出力には、unit file で明示的に設定する項目のほかに、次のような項目が含まれます。

- 各種設定のデフォルト値
- ほかの unit から参照されている逆方向の依存関係（たとえば、ほかの unit から After に指定されると、Before にその unit 名が自動的に追加される）
- 各種イベントのタイムスタンプ（通常の時刻（wall clock）、および単調増加の時刻（monotonic clock））やプロセスの終了ステータス
- MemoryCurrent や CPUUsageNSec のような現在のリソース消費量
- ActiveState、SubState などの現在の unit の状態
- LoadState、UnitFileState、FragmentPath など unit file についての情報

　systemctl showの出力は<u>key=value</u>の形式になっています。ExecStartなど一部の属性については同じkeyが複数回登場する場合がありますので、辞書ではありません。

　unitのタイプにより出力される項目は異なります。出力には設定や実行の状態など何種類かの情報がまざっていますが、systemd.directives（7）がすべての項目について、参照するべきman pageを記載したインデックスになっています。たとえば、ActiveStateの意味や取り得る値を知りたい場合にこのman pageを見ると「D-Busインターフェース（第14章）で取得できるプロパティであり、org.freedesktop.systemd1（5）が参照先である」ことが記載されています。このページ内を見るとActiveStateの説明や、取り得る値、関連するほかのプロパティを見つけられます。

　人間が読む分にはsystemctl statusなどの便利なコマンドがあるため、systemctl showを直接見る機会はあまりないと思います。しかし、unitの情報がすべて含まれていますし機械処理しやすいフォーマットですので、シェルスクリプトでsystemdのunitについて扱う場合や、トラブルシュート時にほかのシステムや再起動後の同じunitと状態を比較する場合に利用できます。

systemctl status がうまく機能しないケース

　systemdのunit情報を参照するだけではうまくいかないケースがあります。具体的にはsysvinitスクリプト（/etc/init.d/以下にあるスクリプト。sysvinitで利用される）により定義されたサービスを利用するケースです。sysvinitとの互換性のために用意されているserviceコマンドを利用したservice スクリプト名 statusコマンドではsysvinitスクリプトにstatusオプションを付けて実行しますが、systemctl status foobar.serviceやsystemctl is-active foobar.serviceなどでは何も実行せずにsystemdが保持している現在のunitの情報を表示します。そのため、sysvinitスクリプトで定義されたサービスに対して、systemctlを状態取得に使うと結果が期待と異なる場合があります。sysvinitスクリプトが必要なサービスについては、引き続きserviceコマンドを使って管理する必要があります。

依存関係

　systemdはunitが持つ属性を利用して、現在の状態や、過去のイベント、unit同士の依存関係を管理しており、各種の操作もこの状態の変更という形で行っています。unitの状態と依存関係、操作については第3章で詳しく扱いますが、たとえば、典型的なシステムの起動は「default.targetというunitをactiveにする」処理として行われます。依存関係によりほかにどのunitをactive/inactiveにする必要があるかを決め、前後関係によりどういった順番でactiveにするかを決めています。

2.3　unit fileとは

　systemdはシェルやプログラムを実行するのではなく、unit fileと呼ばれる設定ファイルを読み込んでメモリ上にunitを作成します。処理の実行は（シェルではなく）systemd自体が行います。既存の設定ファイルから自動で変換を行う[注1]などして、実行時に生成されるunit fileもあり、/run/systemd以下に配置されます。

　unit fileとunitは同じ名前で1対1に対応することが多いですが、unit fileをテンプレートとして、複数のunitを生成することもできます。具体的には端末ごとのgettyや、ボリュームグループごとのlvm2-pvscan、カーネルモジュールのmodprobeなどで利用されています。

　unit fileがないunitもあります。いくつか典型的なパターンを次に挙げます。

① deviceタイプのunit（第9章）には通常unit fileがない。udevが認識したデバイスをsystemdに取り扱わせたい場合、udevのルールにTAG+="systemd"と記述することでdevice unitが生成されるようになる。systemdタグが付いたデバイスは/run/udev/tags/systemd/で参照できる。

② ほかのunitからの依存関係で参照されたが、unit fileが存在しないもの。たとえば、libvirtd.serviceでAfter=iscsid.serviceと記述があるが、iscsid.serviceというunit fileはそのシステム上に存在しないような場合。

③ activeになったのち、unit fileが削除されるなどして、unit fileがなくなることもある。この場合unitは問題なく動作を続ける。

unit file の例

　実際のunit fileを見てみます（リスト2.1）。

▌リスト2.1　RHELのhttpd.serviceの例

```
# See httpd.service(8) for more information on using the httpd service.  ←(1)
(..略..)
[Unit] ←(2)
Description=The Apache HTTP Server ←(3)
Wants=httpd-init.service ←(4)
After=network.target remote-fs.target nss-lookup.target httpd-init.service ←(5)(6)
Documentation=man:httpd.service(8) ←(3)
```

注1　generator（第7章）が行います。systemd.generator（7）も参照。

```
[Service]    ←(7)
Type=notify    ←(8)
Environment=LANG=C    ←(9)

ExecStart=/usr/sbin/httpd $OPTIONS -DFOREGROUND    ←(10)
ExecReload=/usr/sbin/httpd $OPTIONS -k graceful    ←(10)
# Send SIGWINCH for graceful stop
KillSignal=SIGWINCH    ←(11)
KillMode=mixed    ←(11)
PrivateTmp=true    ←(9)

[Install]    ←(12)
WantedBy=multi-user.target    ←(13)
```

　unit fileはいわゆるINIファイル形式の設定ファイルで、[Unit]のようなセクションで分けられ、**ディレクティブ名=value**の形式でunitが定義されています。ディレクティブは直訳すると「指示」という意味で、unit file内の設定項目はこのように呼ばれます。man page内などで「**ディレクティブ名=**」のように記述してディレクティブであることを示します。`systemctl show`の出力と同様に辞書ではなく、一部のディレクティブは複数回記述できて、systemd内部で自動的に連結されます。利用できるディレクティブはsystemdがあらかじめ定義しているものだけで、systemd自体を拡張する以外にディレクティブを追加するしくみはありません。この制約により、ディストリビューションごとの「方言」のようなものが発生することが予防されます。

▚ unit file の見方

　リスト2.1で行われている定義を簡単に見ていきます（括弧の番号は**リスト2.1**の括弧番号に対応します）。

(1) #または;から改行まではコメントです。**リスト2.1**では掲載を省略していますが、パッケージで提供されるunit fileを直接編集するとパッケージ更新により変更が削除される旨の注意書きがあります。

(2) [Unit] [Service] [Install] はセクションで、多数あるディレクティブをジャンル分けして整理するためのもので、省略できません。[Unit] にはunitの依存関係、前後関係、ドキュメント、前提条件の確認などの、すべてのタイプに共通したディレクティブが含まれます。

(3) `Description=`および`Documentation=`行は人間向けのラベルと、ドキュメントへのリンクです。`systemctl status`の出力などで表示されます。

(4) `Wants=`行は「この unit を active にするときは httpd-init.service という別の unit も active にする」という依存関係です。active にしようということだけが指定され、前後関係を定義しないといつ active にされるべきかはわかりません。

(5) `After=`行は「この unit を active にするとき、もし指定された unit（必ずしも常に active になるとは限りません）も active になるべきであれば、先にそれらを active としたあとに自分自身を active にする」という前後関係です。この指定だけがされた unit は、active にされるとは限りません。httpd-init.service については `Wants` でも登場していますので、もしまだ httpd-init.service が active になっていなければ httpd-init.service を active にしたあとに（成功／失敗に関係なく）httpd.service を active にします。

(6) network.target は systemd にあらかじめ用意されている特別な unit で「network 機能が利用可能」という状態を示すための unit です。依存関係／前後関係はサービス同士だけでなく、ほかのタイプの unit へも依存関係／前後関係を指定できます。

(7) ［Service］は service タイプの unit には必須のセクションで、プロセスの実行環境の用意、どのようにプロセスを起動／終了するか、代表プロセスをどう決めてサービスの状態を監視するかを指定します。

(8) `Type=`行は、`ExecStart` で指定したプログラムがどのように動作するか（起動した httpd が systemd にどうやって起動完了を伝えるか）を systemd に教えるものです。**リスト2.1**では "notify" と指定していますから、この場合は実行したプログラムが socket 経由で systemd に通知を行います。

(9) `Environment=`行は環境変数、`PrivateTmp=`行は namespace を利用して /tmp をこのサービス専用の独立したディレクトリに置き換える指定です。環境のセットアップに影響します。

(10) `ExecStart=`、`ExecReload=`行は実行ファイルとオプションです。`systemctl start`、`systemctl reload` の各コマンドに対応します。

(11) `KillSignal=`、`KillMode=`はサービス終了時に systemd が代表プロセスへシグナルを送る動作を指定します。

(12) ［Install］は、`systemctl enable` などで enable にしたときにだけ動作する特殊なディレクティブをまとめています。依存関係の追加、エイリアスの追加、他 unit を同時に enable /disable するなどのディレクティブが含まれます。

(13) `WantedBy=`は、この unit を enable するときに「multi-user.target から httpd.service への `Wants` 依存関係」を追加することで、その unit が active になるべき環境（この場合は multi-user.target）を指定します。multi-user.target は systemd があらかじめ用意している「複数ユーザーが利用できる状態」を表す unit です。systemd 環境でのシステム起動

はmulti-user.target または graphical.target を active にします。graphical.target も multi-user.target に依存しているので、multi-user.target から依存されている unit はシステム起動後に自動起動されるようになります。

2.4 unit file が配置されるディレクトリ

systemd の unit file は大きく分類して3ヵ所に置かれます。/usr/lib/systemd/[注2]以下は rpm や deb などのパッケージに含まれる設定、/run/systemd/ 以下は実行中に自動作成されるもの、/etc/systemd/ 以下は管理者の操作により作成されるものです。この組み合わせと部分的な更新ができるしくみにより、パッケージが提供する設定と管理者の設定を競合させずにパッケージを更新しやすくなっています。システム管理を行う場合、管理者が直接編集するものは、/etc/systemd/system 以下だけです。優先度が低いものから /usr/lib/systemd/system、/run/systemd/system、/etc/systemd/system の順になります。作成方法や目的により unit file が配置されるディレクトリはもっと多くあります。

ユーザーごとの systemd については、上で述べたディレクトリに加えて、ユーザー自身によるカスタマイズのためホームディレクトリ以下にも各種設定を記述できます。XDG[注3]で定義されたディレクトリを使い unit file が探索されます。

現在のシステムで利用されるディレクトリのうち、システム全体用は `systemd-analyze unit-paths`（図2.3）で、ユーザー用は `systemd-analyze --user unit-paths` で確認できます。各ディレクトリの用途は systemd.unit（5）内の UNIT FILE LOAD PATH に記載されています。

それぞれのディレクトリに unit file が格納され、同じファイル名のファイルがあれば優先度が高いディレクトリにある unit file が使われます。このしくみを利用して、管理者が作成した unit file でディストリビューションのパッケージが提供する unit file を置き換えることができます。

▌ 図2.3 systemd-analyze unit-paths の実行例

```
$ systemd-analyze unit-paths
/etc/systemd/system.control        ↑優先度が高い
/run/systemd/system.control
/run/systemd/transient
/run/systemd/generator.early
```

注2 Fedora 17 および RHEL 7 以降では /usr/lib と /lib は統合されているため、コマンドや出力の一部で /lib と /usr/lib が混在している場合でも同一のファイルを指しています。

注3 X Desktop Group、freedesktop.org の正式名称。デスクトップ関連の規格を策定している。

```
/etc/systemd/system
/etc/systemd/system.attached
/run/systemd/system
/run/systemd/system.attached
/run/systemd/generator
/usr/local/lib/systemd/system
/usr/lib/systemd/system
/run/systemd/generator.late          ↓優先度が低い
```

2.5　unit fileのドロップイン

　unit file全体を置き換えるだけでなく、一部だけを追加するドロップインのしくみがあります。たとえば、foo.serviceに記述されている内容に一部追加するには、foo.service.dというディレクトリを作成し、その中に、追加したい部分だけが含まれた部分的なunit fileを.confという拡張子を付けて配置します。foo.service.dも前節の各ディレクトリ内に配置でき、同じファイルがあると上書きされるところは同じです。1つのunitに複数のドロップインファイルを持つことができ、ファイル名の順に評価されます（**図2.4**）。

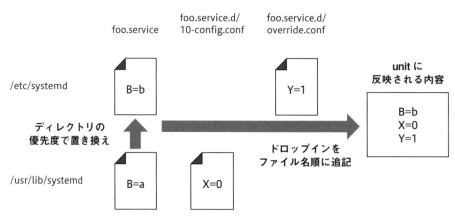

▌ 図2.4　unit fileの置き換えとドロップイン

2

　unit fileですでに値が指定されているものをドロップインでもう一度指定した場合の動作はディレクティブにより異なるので、注意が必要です。Wants や After のような依存関係／前後関係はドロップインで操作できません。Description のような単一の値であれば指定した値で上書きされます。一部の Type（第5章）での ExecStart のように複数回指定できるディレクティブでは、複数回指定されたものとしてリストに追加されます。

▰ unit 名 .wants ディレクトリ、unit 名 .requires ディレクトリ

　よく似た目的の別のしくみとして、「unit名.wants」ディレクトリと「unit名.requires」ディレクトリがあります。これらのディレクトリにunit fileへのシンボリックリンクを配置すると、unit file の Wants と Requires に unit を追記した場合と同じ意味を持ちます。通常このディレクトリを管理者が直接操作することはなく、unit file の［Install］セクションで記述された WantedBy や RequiredBy を反映して systemctl enable/disable コマンドにより操作されます。

▰ top-level drop-in

　特定のunitではなく特定タイプのunitすべての振る舞いを変更したい場合には、top-level drop-inというしくみを利用できます。具体的には /etc/systemd/system/service.d/10-all.conf のように、「unit タイプ名.d」ディレクトリ内にdrop-inを配置します。指定されたタイプのunitファイルを読み込む際に評価されます。top-level drop-inは個別のunit名が付いたdrop-inより優先度は下で、同じ名前のdrop-inがあれば無視されます。

▰ ドロップインの操作を行う systemctl コマンド

　一部のsystemctlのサブコマンドはドロップインの操作として理解できます。先ほどのsystemctl enable/disable のほかに、systemctl mask コマンドは /etc/systemd/ または /run/systemd/ 以下にマスクしたいunit fileと同じ名前の /dev/null へのシンボリックリンクを作成することで、unit fileを空の内容で置き換えて、もともと存在しなかったように動作させます。

　同様に systemctl set-default コマンドも /etc/systemd/system/default.target を指定した target unit へのシンボリックリンクにすることでdefault.targetを変更しています。

2.6 unit fileの編集

　unit fileの編集を行う場合は、`systemctl edit`を利用します。`sudo systemctl edit foo.service`のように実行すると、ドロップインの編集を行えます。エディタが立ち上がり、/etc/systemd/system/unit名.d/override.confというドロップインを作成するための一時ファイルを編集します（**図2.5**）。

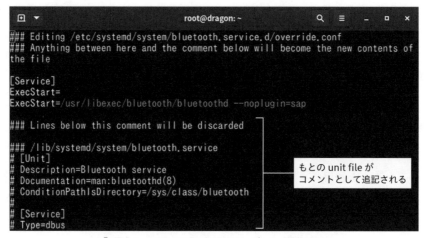

もとの unit file が
コメントとして追記される

▌図2.5　systemctl editでのオーバーレイ編集の例

　保存終了すると、override.confが作成されます。一般ユーザーでsystemctlを任意に操作できる場合でも、ファイル保存のためにroot権限が必要です。

　ドロップインではなくunit file全体を編集したい場合は、`systemctl edit --full foo.service`のように実行すると、コピーを作成したうえでエディタが立ち上がります。編集し保存すると/etc/systemd/system/unit名に保存されます。

　`systemctl edit`でunit fileやドロップインを編集した場合には自動的にロードされます。`systemctl edit`ではなく直接エディタなどでファイルを作成／変更した場合は`systemctl daemon-reload`と実行してunit fileを読みなおします。

　現在のシステムが、ディストリビューションのデフォルトからどのように変わっているかを確認するにはsystemd-deltaコマンドが利用できます。ファイルの置き換え状況や、置き換え前後の差分をまとめて表示してくれます。

2.7 unit fileの確認

systemctl cat unit名のように実行することで、ドロップインやオーバーライドの解決を行ったうえで、関係するファイルを表示させることができます。

図2.6では、bluetooth.serviceのExecStart設定をbluetooth.service.d/override.confで変更しています。

図2.6　systemctl catの実行例

```
$ systemctl cat bluetooth.service
# /lib/systemd/system/bluetooth.service
(..略..)
[Service]
Type=dbus
BusName=org.bluez
ExecStart=/usr/libexec/bluetooth/bluetoothd
NotifyAccess=main
(..略..)

# /etc/systemd/system/bluetooth.service.d/override.conf
[Service]
ExecStart=
ExecStart=/usr/libexec/bluetooth/bluetoothd --noplugin=sap
```

ExecStart=だけであとに内容がない行は「今までのExecStart設定をリセットする」という意味です。空文字列を指定した場合の動作はディレクティブによって異なりますので、どのディレクティブでもリセットの意味になるとは限りません。man pageに明記されていますから、説明を“empty string”や“reset”で検索して確認します。

自動的に生成されるドロップインは見逃しがちです。unit fileを確認する手順として、直接ファイルを見るのではなくsystemctl catを使うことを習慣づけることで見逃しを防げます。図2.7の例では、UResourced（第8章で説明）による自動生成されたドロップイン（図中の(1)）、systemd-oomdにより自動生成されたドロップイン（図中の(2)）、管理者により手動で作成されたドロップイン（図中の(3)）が表示されています。

▍図2.7　ユーザー用systemdのunit表示例

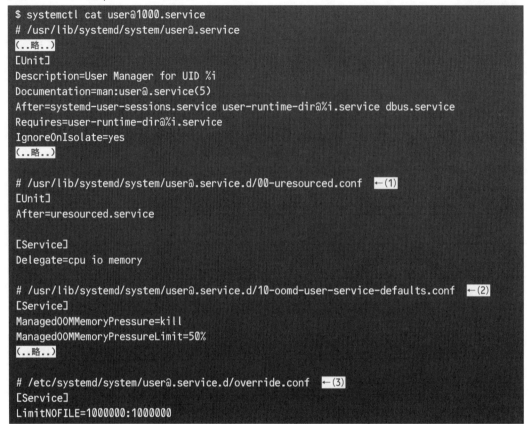

```
$ systemctl cat user@1000.service
# /usr/lib/systemd/system/user@.service
(..略..)
[Unit]
Description=User Manager for UID %i
Documentation=man:user@.service(5)
After=systemd-user-sessions.service user-runtime-dir@%i.service dbus.service
Requires=user-runtime-dir@%i.service
IgnoreOnIsolate=yes
(..略..)

# /usr/lib/systemd/system/user@.service.d/00-uresourced.conf    ←(1)
[Unit]
After=uresourced.service

[Service]
Delegate=cpu io memory

# /usr/lib/systemd/system/user@.service.d/10-oomd-user-service-defaults.conf    ←(2)
[Service]
ManagedOOMMemoryPressure=kill
ManagedOOMMemoryPressureLimit=50%
(..略..)

# /etc/systemd/system/user@.service.d/override.conf    ←(3)
[Service]
LimitNOFILE=1000000:1000000
```

2.8 unit file の検証

　unit file に解釈できない要素があると、systemdはログを出力してそれを無視します。`systemd-analyze verify unit名`のように実行すると、実際にsystemdに読み込む処理と同じしくみでunit fileを検証することができます（**図2.8**）。

▍図2.8 問題のあるunit fileとsystemd-analyzeによる検証例

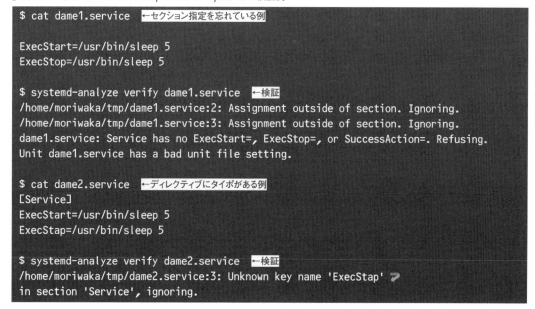

```
$ cat dame1.service   ←セクション指定を忘れている例

ExecStart=/usr/bin/sleep 5
ExecStop=/usr/bin/sleep 5

$ systemd-analyze verify dame1.service   ←検証
/home/moriwaka/tmp/dame1.service:2: Assignment outside of section. Ignoring.
/home/moriwaka/tmp/dame1.service:3: Assignment outside of section. Ignoring.
dame1.service: Service has no ExecStart=, ExecStop=, or SuccessAction=. Refusing.
Unit dame1.service has a bad unit file setting.

$ cat dame2.service   ←ディレクティブにタイポがある例
[Service]
ExecStart=/usr/bin/sleep 5
ExecStap=/usr/bin/sleep 5

$ systemd-analyze verify dame2.service   ←検証
/home/moriwaka/tmp/dame2.service:3: Unknown key name 'ExecStap' ⏎
in section 'Service', ignoring.
```

ディレクティブのタイポやセクションの間違い、必須項目の不足、関連するunitが存在しないなどの問題を検出します。

2.9 unit fileとunitの関係

systemdは起動時にunit fileをロードしてメモリ上にunitを作成します。実行中に追加や変更を行ったunit fileの変更を反映するには、systemctl daemon-reloadと実行します。

「unitがinactiveまたはfailedで、そのunitを扱うJob（第3章）がない」などの条件を満たす場合、systemdはガベージコレクションのしくみによりunitをメモリ上から削除します。systemctl list-unitsで表示するような場合には自動的にロードしなおしますので、普段あまり意識することはありませんが、「メモリを節約するために不要なunit fileを削除する」というような必要はありません。

2.10　unit の状態をもとに戻す

　systemctl enable/disable/mask などの管理者による設定や、ドロップインによる設定を削除してパッケージで提供されている状態に戻したい場合には、systemctl revert httpd.service のように実行すると /etc/systemd/system および /run/systemd/system 以下の関連するファイルを消してもとに戻ります。

　実際に revert を実行する前に何が行われるかを確認したい場合には、systemd-delta /etc /run を実行するとだいたいの見当がつきます。ただし、内容のないドロップインディレクトリの削除（設定内容への影響はありません）のような一部の操作は表示されません。

unit の状態、
unit 間の依存関係、
target unit

3.1　unit の状態

第1章では systemd の位置づけ、第2章では unit と unit file を見てきました。本章では unit の状態と、unit 同士の依存関係について、もう少しこまかく見ていきます。

unit は基本的には active または inactive のどちらかの状態をとります（**図3.1**）。

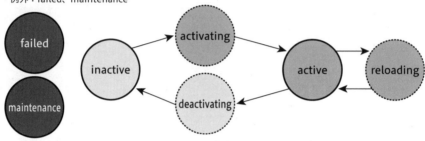

- 基本的な 2 状態：active、inactive
- 中間的な状態：activating、deactivating、reloading
- 例外：failed、maintenance

▌図3.1　unit がとる状態

unit のタイプにより、「active」の意味は変わります。いくつか例を挙げると、service タイプで「サービスが開始される」、socket タイプで「ソケットが bind される」、device タイプで「デバイスが接続される」のようになります。

active と inactive の中間的な状態として、activating、deactivating、reloading などの状態があります。操作が失敗した場合には failed 状態になります。unit が failed になることは、systemd と unit 定義では解決できない問題が発生したことを示しており、内部状態として関連プロセスの終了ステータスなどを保持しています。`systemctl reset-failed` コマンドにより failed 状態と unit の内部状態をリセットでき、inactive へ遷移します。多くの場合 failed 状態になっても `systemctl start` コマンドにより起動ができます（詳しくは第5章）。自動的に fsck などの回復操作を行う場合には、maintenance という状態を利用します。

設定変更以外の systemd への操作は、おおむね unit の状態を変更することに対応します。たとえば、システムの起動は「default.target を active にする」、`systemctl stop foo.service` というコマンドは「foo.service を inactive にする」のように対応します。デバイスの追加／削除、たとえば、Bluetooth アダプタを抜くことは状態の変化ではなく「sys-subsystem-bluetooth-devices-hci0.device がなくなる」のように対応します。

3.2 Job

systemdはunitに行う操作をJobと呼んでいて、Job管理を行っています。Jobにはそれぞれ「unit名/操作名」という名前が付けられます。操作名はstart、restart、stop、reloadです。

systemctl list-jobsで現在のJob一覧を見ることができます。通常の状態ではJobが0個ですので、本稿では観察しやすいサービスを作って観察してみます。

起動処理に時間がかかるunitを用意します（**リスト3.1**）。

▌ リスト3.1　観察しやすいサービス

```
# /etc/systemd/system/slow.service
[Service]
Type=oneshot
ExecStart=sleep 300
ExecStart=echo 'done!'
```

そして、

```
$ systemctl start slow.service &
```

とバックグラウンドで起動を開始したのち、すぐにsystemctl list-jobsと実行することで「slow.service/start」Jobを見ることができます（**図3.2**）。

▌ 図3.2　systemctl list-jobsの出力例

```
$ systemctl list-jobs
JOB   UNIT         TYPE  STATE
23704 slow.service start running
```

さらに、systemctl status slow.serviceのように実行して状態を表示すると、先ほど紹介したactivating状態であることがわかります。

systemctl cancelを使って、list-jobsで表示される特定のJobまたはすべてのJobをキャンセルできます。

3.3　unit の依存関係

　unit が状態を持ち、systemd は状態を切り替えるための操作を Job として管理していることがわかりました。次はどのように実行するべき Job を管理しているかを見ていきます。

　unit を start/stop するときに、サービスの内容によってはさまざまな条件を満たす必要があります。たとえば、どこかのマウントポイントがマウントされていること、ネットワークでほかのホストへ接続可能であること、特定のサービスが起動していることなどです。一部の条件は unit 間の依存関係として表現でき、systemd は依存関係を考慮して関連する unit の操作を行う機能を持っています。unit 間の関係で表現しづらいシステム環境についての条件は、あとで触れる Condition で対応されます。

　よく利用される依存関係には次のようなものがあります。完全な一覧と説明は、man page systemd.unit（5）にあります。

- Before、After は start/stop 時の前後関係を示す。Wants などほかの依存関係により、同時に active にされることが指定された複数 unit の間で Before、After の指定があると、起動時には After で指定された unit が先に、Before で指定された unit が後になるように Job が並べられ、終了時はその反対に並べられる。この指定がない場合にはできるだけ並行して起動／終了処理を行う。

- Wants は自 unit を start するときに一緒に start したい unit を指定する。指定された unit が実際に active になるか（それとも failed などのほかの状態になるか）は考慮されない。

- Requires は Wants より強力である。start 時の動作に加えて、指定した unit が明示的に stop された場合、自 unit も stop される。Wants では指定した unit が failed になってもかまわないが、Requires かつ After では指定した unit が failed になると自 unit を start しない。

- Conflicts は unit 同士が競合する関係を示す。unit A と B が Conflicts と指定して B が active なときに A を start すると、B は stop され A が start する。このとき、一時的に A、B 両方が active である場合があり得る。「B が終了して、そのあと A が起動する」というような排他的な動作が必要な場合には Before または After（どちらを指定しても停止が先に行われるため動作は同じ）を同時に指定する。

　unit file の内容に記載せずに、Wants と Requires の依存関係を追加する方法が、よく使われる systemctl enable/disable コマンドです。ドロップインの一種で、unit を配置するディレクトリに「unit名.wants/」および「unit名.requires/」というディレクトリを作成でき、この中に unit fileへのシンボリックリンクを作成することで依存関係を追加することができます。第2章で簡単に触れた［Install］セクションに`WantedBy=`や`RequiredBy=`のディレクティブを記載することで、`systemctl enable/disable`時にこのシンボリックリンクを自動的に作成します。

　また、unitのタイプによりデフォルトで追加される依存関係があります。たとえば、serviceタイプではsysinit.targetへの`Requires`と`After`、basic.targetへの`After`、shutdown.targetへの`Conflicts`と`Before`が設定されるなどです。このデフォルトの依存関係により、一般的なデーモンの起動に必要な条件を満たしていることの指定やシャットダウン時にサービスを終了することが暗黙に定義されます。

3.4　トランザクション

　systemdは基本的なトランザクションのしくみを持っています。unitの操作を指示すると、その操作と依存関係を解決するためのJobを一時的なトランザクションに追加していきます。トランザクションの中で前後関係のサイクルや`Conflicts`により定義された競合が発生するような一貫性がない場合に、systemdは一部の必須ではないJobを削除して解決しようとします。さらに、現在Jobキューに入っているJobと矛盾がないかをチェックします。トランザクションに問題がない場合にだけJobキューにトランザクションの内容を追加し、問題があればトランザクション全体が失敗します。

　依存関係の問題が発生する簡単なunit群を作成して動作を見てみましょう。3つのunit fileを作成します（**リスト3.2、図3.3**）。

▎リスト3.2　テスト用unit

```
# /etc/systemd/system/A.target
[Unit]
Wants=B.target C.target
After=B.target C.target

# /etc/systemd/system/B.target
[Unit]
After=C.target

# /etc/systemd/system/C.target
[Unit]
After=B.target
```

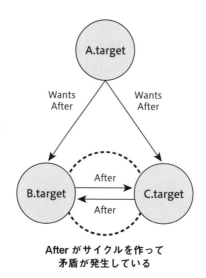

**After がサイクルを作って
矛盾が発生している**

▌図3.3　テスト用unitの依存関係

B.targetとC.targetの間で依存関係のサイクルができていて、矛盾が発生しています。

`systemctl -T start A.target`と実行すると何が起きるでしょうか。`-T`はコマンドの結果、systemdが実施することになったJobを表示するオプションです。

筆者の環境では、**図3.4**のような出力となり、A.targetとC.targetだけがstartされました。B.targetはstartされません。

▌図3.4　矛盾解消成功の例

```
# systemctl daemon-reload
# systemctl -T start A.target
Enqueued anchor job 23272 A.target/start.
Enqueued auxiliary job 23273 C.target/start.
```

systemdのログ（**図3.5**）を見ると前後関係のサイクル（ordering cycle）が発見され、`Wants`による必須ではない依存関係で追加されたB.target/start Jobを削除することでサイクルができないように処理内容を変更したうえで、部分的に処理を行っていることがわかります（**図3.6**）。

▌図3.5　矛盾解消成功時のログ例

```
# journalctl -f _COMM=systemd
(..略..)
Jun 02 12:19:40 turtle systemd[1]: C.target: Found ordering cycle on B.target/start
Jun 02 12:19:40 turtle systemd[1]: C.target: Found dependency on C.target/start
Jun 02 12:19:40 turtle systemd[1]: C.target: Job B.target/start deleted to break ↵
ordering cycle starting with C.target/start
```

```
Jun 02 12:19:40 turtle systemd[1]: Reached target C.target.
Jun 02 12:19:40 turtle systemd[1]: Reached target A.target.
```

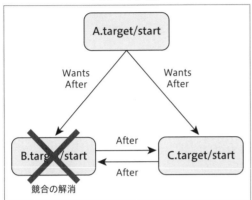

（1）Wants による依存関係により、
　　B.target/start と C.target/start が
　　トランザクションに追加される。
（2）B.target/start を削除して
　　競合を解消する。

▌図3.6　依存関係解決のイメージ

　では次に、**リスト3.2**のA.targetの`Wants=`を`Requires=`に置き換え、unitをstopしてから同じ操作を行います。すると、**図3.7**のメッセージが表示され、サイクルを検出し解決できなかったことがわかります。

▌図3.7　矛盾解消失敗の例

```
# systemctl stop A.target B.target C.target
# systemctl daemon-reload
# systemctl -T start A.target
Failed to start A.target: Transaction order is cyclic. See system logs for details.
See system logs and 'systemctl status A.target' for details.
```

　全体で見ると矛盾があったとしても、トランザクション内で矛盾がなければ、systemdはJobを実行します。矛盾解消に失敗した例のまま、`systemctl -T start B.target; systemctl -T start A.target`と順に`start`すると、問題なく起動します。B.target/startのJobを行うトランザクションではC.targetへの`Wants`や`Requires`がないため矛盾がなく、B.targetがすでにactiveな状態でA.targetを`start`する場合には`Requires=B.target`が満たされているためB.targetのJobが必要なくやはり矛盾がありません（**図3.8**）。

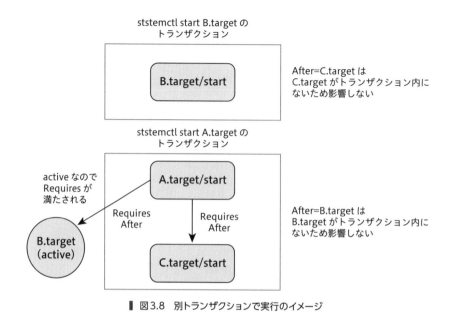

ststemctl start B.target の
トランザクション

B.target/start

After=C.target は
C.target がトランザクション内に
ないため影響しない

ststemctl start A.target の
トランザクション

active なので
Requires が
満たされる

A.target/start

Requires
After

Requires
After

B.target
(active)

C.target/start

After=B.target は
B.target がトランザクション内に
ないため影響しない

▌図3.8　別トランザクションで実行のイメージ

　サイクル以外にも矛盾が発生する場合があります。**図3.9**の例ではdata.mount/stopがJobキューに含まれている状態で、bluetooh.service/startのリクエストが追加されたときの例です。bluetooth.service/startは依存関係によりdata.mount/startを必要とするので矛盾しており、実行は拒否されます。このような場合、関係するunitで`After=`や`Before=`で前後関係を設定したり、手動で（別のトランザクションで）どちらかを実行したりすることで解決できる場合があります。

▌図3.9　Jobに矛盾（サイクル以外）が発見されたときのログ例

```
systemd[1]: Requested transaction contradicts existing jobs: Transaction for ↩
bluetooth.service/start is destructive (data.mount has 'stop' job queued, but ↩
'start' is included in transaction).
```

3.5　Jobの実行

　systemdはJobを実行するときには、まずunitの状態を確認します。unitをstartするJobであれば、すでにactive、reloading、maintenance状態の場合には操作を行いません。これはservice unitなどで同じunitに対応する複数の実体ができてしまうことを回避するための工夫です。多くの場合に期待どおり動作しますが、完全に競合を防ぐものではありません。設定ミスにより

service unitで実際のプログラムの動作と異なるTypeが指定されている場合や、プロセス終了をうまく行えずにタイムアウトで終了したような場合には競合の発生があり得ます。

次にディレクティブ名がConditionで始まるディレクティブとAssertで始まるディレクティブ（以下、Condition、Assertと記述）を確認します。この2つはunitをstartする処理の初めに、環境が条件を満たすことを確認するための指定です。2つの違いは、Conditionは失敗してもunitがinactiveのままJobを終了しますが、Assertは失敗するとJobとunitがfailed状態になる点です。

ConditionとAssertで確認できるものは、仮想化環境の種類、電源の状況、環境変数、ディレクトリやファイルの有無や属性、カーネルのコマンドライン、システムのアーキテクチャやメモリ量など多岐にわたります。このような実行条件検査を各unitに持たせることで、特定環境でのみ有効なunitを簡単に作成できます。

このしくみにより共通のシステムイメージをさまざまな環境で利用しやすくなります。たとえば、Fedora Workstationでは、open-vm-tools（VMware環境用のエージェント）がデフォルトで導入されenableになりますが、ConditionVirtualization=vmwareと記述されているため、VMware環境以外で起動されることはありません。

systemdはこのほかにunit fileがロードできているかなどのチェックを行ったのち、実際にunitをstartする仕事を始めます。ここでの処理はunitのタイプにより異なります。各unitのstart/stop処理については第4章以降で扱っていきます。

3.6 現在の依存関係の確認

依存関係を厳密に評価しようとすると複雑になりますが、現在のシステムで依存関係がどうなっているかの概要を把握するために便利なコマンドが、systemctl list-dependencies unit名です（図3.10）。

デフォルトでは、指定されたunitを根として、Wantsなどの他unitを必要とする依存関係があると子として表現するツリー形式で表示します。unit fileを作成するときに、必要なほかのunitへの依存が漏れていないかを確認するために有用です。unit名を省略すると、default.targetを対象としたツリーが表示されるので、システム起動時にstartされる（であろう）unitが一覧表示されます。

--after、--before、--reverseのオプションがあり、扱う依存関係を変更できます。AfterおよびBeforeのツリーで同じ階層にあるノードは並行して実行されるので、前後関係の漏れの確認に役立ちます。

▌図3.10　systemctl list-dependencies コマンドの例

```
↓chronydが起動するために依存しているunitを一覧する例
$ systemctl list-dependencies chronyd.service
chronyd.service
●  ├─-.mount
●  ├─system.slice
●  ├─tmp.mount
●  └─sysinit.target
●    ├─dev-hugepages.mount
●    ├─dev-mqueue.mount
●    ├─dracut-shutdown.service
●    ├─import-state.service
○    ├─iscsi-onboot.service
○    ├─iscsi-starter.service
●    ├─kmod-static-nodes.service
●    ├─ldconfig.service
●    ├─lvm2-lvmpolld.socket
(..略..)

↓chronydに依存しているunitを一覧する例
$ systemctl list-dependencies --reverse chronyd.service
chronyd.service
●  └─multi-user.target
●      └─graphical.target
```

3.7　target unit

　targetタイプのunitは、今まで説明した依存関係を整理するためのunitで、それ自体では何もしません。activeにすると "Reached target unitの名前または説明" のようなログを出力し、inactiveにすると "Stopped target unitの名前または説明" というログを出力します。

　systemdは依存関係や特定の状態を示すためにtargetタイプのunitを多用します。たとえば、default.targetはシステム起動時に利用されるunitで、このunitをactiveにすることがシステムの起動に対応します。

　systemdではシステム起動中のさまざまなポイントやシャットダウンなどにあらかじめ定義されたtargetタイプのunitを用意しています。systemdのunitを作成するときにこれらのtargetとの依存関係を利用することで実装から抽象化できるため、Linuxディストリビューションによらず共通したunit fileを使えるようになります。

　man page bootup（7）に、起動時／終了時に関係する主要な target unit 間の関係を示したア
スキーアートが含まれています（**図3.11**）。トラブルシュート時などはこの図を見ながらログを
確認したり、どの target まで到達できるかを確認したりすると便利です。各 unit の示す意味につ
いては、man page systemd.special（7）に記載があります。

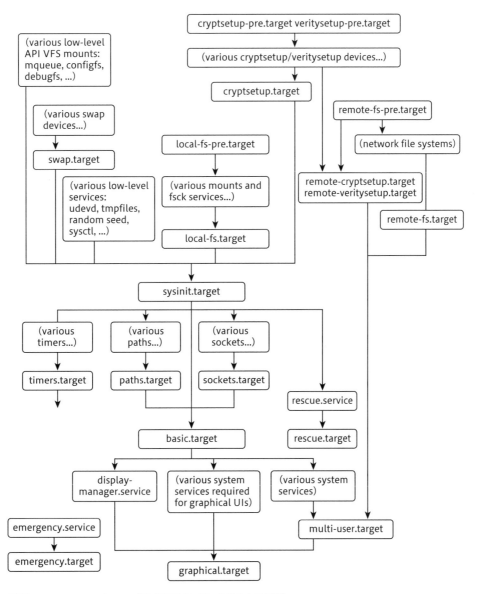

（出典：man page man bootup（7）のアスキーアートをもとに作図）

▎ 図3.11　man page bootup (7) にあるシステム起動に関わるおもな unit の図

　自分で service タイプの unit を作成する場合、典型的な target unit を利用するシーンは
WantedBy=multi-user.target と指定して systemctl enable でサービスが自動起動するように設定
するシーンでしょう。次点は外部のシステムへネットワーク接続できるようになった時点を示す
network-online.target を Wants、After に指定するケースかと思います。外部システムとの通信が
できる状態になってからサービスを起動するような制限を表現できます。

systemctl isolate コマンド

　target タイプの unit が自分自身とその依存関係で必要な unit 群だけを active にして、それ以外
の unit については inactive にする、isolate という操作が用意されています。isolate は sysvinit 利
用時のランレベル切り替えに対応する操作です。systemctl isolate graphical.target のように
して利用します。

新しい target unit の作成

　新しく target タイプの unit を作成することもできます。たとえば、Debian の openssh-server
パッケージでは、外部とのネットワーク接続が可能で ssh が起動しているだけの状態を示す、
rescue-ssh.target という target を追加しています。起動時のカーネルコマンドライン[注1]で
systemd.unit=rescue-ssh.target と指定すると、detault.target のかわりに rescue-ssh.target を
active にしようとするので、ssh 接続を受け付けるレスキュー環境が起動します。

注 1　　ブートローダが Linux に指定する設定文字列。Fedora では /etc/default/grub で指定したあと grub2-mkconfig を実行して grub へ永続的に設
定するか、grub の対話メニューで編集して一時的に設定します。現在のシステムでどんな指定がされたかは /proc/cmdline で確認できます。

Column

[systemdの調査Tips1] systemdのログレベル設定

systemd（PID 1のsystemd本体）が出力するログのログレベルは、**systemctl log-level**コマンド、カーネルコマンドラインの**systemd.log_level=**、/etc/systemd/system.confの**LogLevel=**により確認／変更できます。デフォルトのログレベルはinfoです（**表3.1**）。

■ 表3.1　systemdで利用されるログレベル

数値での指定	名前での指定
0	emerg
1	alert
2	crit
3	err
4	warning
5	notice
6	info
7	debug

次のように**systemctl log-level**で一時的にログレベルを変更でき、systemdの動作確認に利用できます[注2]。

```
# systemctl log-level debug
```

システム起動時の問題を調べたいときは、GRUBなどのブートローダでカーネルのオプションに**systemd.log_level=debug**のように指定してデフォルトの値を変更します。

ログレベル変更を永続的に行う場合には、/etc/systemd/system.conf内の**LogLevel=**で設定します。

Column

[systemdの調査Tips2] systemd関連コマンドのログレベル設定

systemctlなどのコマンドが出力するログについて、環境変数SYSTEMD_LOG_LEVELによりログレベルを設定できます。このログレベルはコラム「[systemdの調査Tips1] systemdのログレベル設定」で述べたsystemd本体と同じものが使われます。たとえば、

注2　RHEL 8に含まれるsystemd 239では**systemctl**に**log-level**サブコマンドはありませんが、**systemd-analyze log-level debug**のように**systemd-analyze**コマンドでログレベルを変更することができます。

```
$ SYSTEMD_LOG_LEVEL=debug systemctl status chronyd.service
```

のようにコマンドを実行すると、**systemctl** でのデバッグログ出力が有効になります。**図3.12**の例では
「D-Bus 経由での systemd との接続、メッセージのやりとり」「journal ファイルの検出や検索フィルタ」
などについてログ出力が行われている様子がわかります。

▌ 図3.12　systemctlコマンドのデバッグ出力例

```
$ SYSTEMD_LOG_LEVEL=debug systemctl status chronyd.service
Pager executable is "less", options "FRSXMK", quit_on_interrupt: yes
Showing one /org/freedesktop/systemd1/unit/chronyd_2eservice
Bus n/a: changing state AUTHENTICATING → HELLO
Sent message type=method_call sender=n/a destination=org.freedesktop.DBus ⤵
path=/org/freedesktop/DBus interface=org.freedesktop.DBus member=Hello cookie=1 ⤵
reply_cookie=0 signature=n/a error-name=n/a error-message=n/a
  (以下、D-Bus経由でのメッセージのやりとり略)
Considering root directory '/run/log/journal'.
Root directory /run/log/journal added.
  (以下、journalファイルの検出略)
Journal filter: (_BOOT_ID=14207adf134d4be1b7cf64cddd700224 AND ⤵
((OBJECT_SYSTEMD_UNIT=chronyd.service AND _UID=0) OR (UNIT=chronyd.service AND ⤵
_PID=1) OR (COREDUMP_UNIT=chronyd.service AND _UID=0 AND ⤵
MESSAGE_ID=fc2e22bc6ee647b6b90729ab34a250b1) OR _SYSTEMD_UNIT=chronyd.service))
Root directory /run/log/journal removed.
Root directory /var/log/journal removed.
Directory /var/log/journal/0e5c275b71674a68a37d977e8902c7c7 removed.
mmap cache statistics: 2619 context cache hit, 46 window list hit, 9 miss
Bus n/a: changing state RUNNING →CLOSED
● chronyd.service - NTP client/server
    Loaded: loaded (/usr/lib/systemd/system/chronyd.service; enabled; ⤵
vendor preset: enabled)
  (以下、コマンド出力略)
```

　システム起動時の問題を調べたいときは、GRUBなどのブートローダでカーネルのオプションに
systemd.log_level=debug のように指定してデフォルトの値を変更します。
　ログレベル変更を永続的に行う場合には、/etc/systemd/system.conf 内の**LogLevel=**で設定します。

Column

[systemdの調査Tips3] systemdの設定ファイルを確認する

systemd関連の設定ファイルにもunit fileのように複数ファイルで記述できるしくみがあります。これらはsystemctlではなくsystemd-analyzeを利用し、

```
$ systemd-analyze cat-config systemd/user.conf
```

のように実行して確認します。ファイル名はプレフィックス (/etc、/usr/lib、/run) を省略しても、完全パス名で記述してもかまいません。**図3.13**の例では、デフォルトのままの設定ファイル (図中の (1)) に加えて、steamパッケージにより追加された設定ファイル (図中の (2)) が存在しています。

▌図3.13　systemdのuser.conf確認例

```
$ systemd-analyze cat-config systemd/user.conf
# /etc/systemd/user.conf  ←(1)
#  This file is part of systemd.
#
#  systemd is free software; you can redistribute it and/or modify it under the
#  terms of the GNU Lesser General Public License as published by the Free
#  Software Foundation; either version 2.1 of the License, or (at your option)
#  any later version.
#
# Entries in this file show the compile time defaults. Local configuration
# should be created by either modifying this file, or by creating "drop-ins" in
# the user.conf.d/ subdirectory. The latter is generally recommended.
# Defaults can be restored by simply deleting this file and all drop-ins.
#
# See systemd-user.conf(5) for details.

[Manager]
#LogLevel=info
#LogTarget=console
(..略..)


# /usr/lib/systemd/user.conf.d/01-steam.conf  ←(2)
# A systemd configuration override.
# This belongs into /usr/lib/systemd/{system,user}.conf.d/

[Manager]
# Increase the file descriptor limit to make Steam Proton/Wine esync work out of
# the box. The same limit is increased by default in systemd 240 to 524288:
#
# cat /etc/systemd/system.conf | grep DefaultLimitNOFILE
# DefaultLimitNOFILE=1024:524288
```

```
#
# As of Proton 5, the limit should be 1048576:
# https://github.com/zfigura/wine/blob/esync/README.esync#L26
DefaultLimitNOFILE=1024:1048576
```

## 第 4 章

プロセス実行環境の用意

4.1 systemdはプロセスの実行環境を用意する

　第1章でも触れましたが、systemdの重要な能力として「プロセスの実行環境を用意する」というものがあります。systemdは多数のプログラムを直接実行します。serviceタイプのunitだけでなく、socket、swap、mountタイプのunitはプログラムを実行します。それらのプログラムが動作する環境を用意するのはsystemdの役目です。systemdがforkし、子プロセスのsystemdが環境を整えたあと必要なプログラムをexecveします（**図4.1**）。

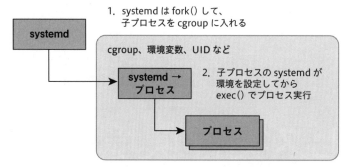

1. systemd は fork() して、子プロセスを cgroup に入れる

cgroup、環境変数、UID など

systemd → プロセス

2. 子プロセスの systemd が環境を設定してから exec() でプロセス実行

プロセス

3. プロセスがデーモン化や子プロセスの生成などを行っても cgroup で追跡する

▎ 図4.1　systemdが実行環境を用意する（図1.2再掲）

　systemdが設定できる環境は多岐にわたります。環境変数や標準入出力、UID、GID、nice値、ulimitなどの伝統的なものだけでなく、ケーパビリティ（capability）や、namespaceを活用したホストからの分離、control group（cgroup）によるリソース制限、seccomp、SELinuxのコンテキストなどLinux特有のものも多く指定できます。

4.2 systemd-runでsystemdが用意する環境を試す

　systemdによる環境のセットアップを試してみましょう。systemdは典型的にはserviceタイプのunitで静的に定義されたサービスの実行に使われますが、本章は使い捨てのunitを作成するsystemd-runコマンドを使って、対話的にserviceタイプのunitと環境を作成します。

　たとえば、`systemd-run env`と実行すると、認証ののち使い捨てのunitを作成し、その環境でenvコマンドを実行します（**図4.2**）。

▌図4.2 systemd-run envの実行例

```
$ systemd-run env    ←使い捨てunitの中でenvを実行する
Running as unit: run-u348.service    ←unit名の通知
$ journalctl -u run-u348    ←journal内のrun-u348.service unitに関連するログを表示
-- Journal begins at Wed 2021-06-30 14:22:27 JST, ends at Mon 2021-07-05 15:36:06
JST. --
Jul 05 15:36:06 turtle systemd[1]: Started /usr/bin/env.
Jul 05 15:36:06 turtle env[85802]: LANG=en_US.UTF-8
Jul 05 15:36:06 turtle env[85802]: PATH=/usr/local/sbin:/usr/local/bin:/usr/sbin:
/usr/bin
Jul 05 15:36:06 turtle env[85802]: INVOCATION_ID=2deb9861ca5541a8926ae7403d3afbb1
Jul 05 15:36:06 turtle env[85802]: JOURNAL_STREAM=8:300286
Jul 05 15:36:06 turtle env[85802]: SYSTEMD_EXEC_PID=85802
Jul 05 15:36:06 turtle systemd[1]: run-u348.service: Deactivated successfully.
```

　serviceタイプのunitは、デフォルトで標準出力および標準エラー出力をjournalログに保存します。`journalctl -u unit名`コマンドで出力を確認できます。**図4.2**のように、service unitだけは特別にunit名の指定で".service"を省略することができます。対話的に利用しているシェルと比較すると、ごくわずかの環境変数しか設定されていないことがわかります。

　図4.2に登場するsystemd特有の環境変数を簡単に紹介します。INVOCATION_IDは各unitの起動時に付与されるランダムな数で、journald内で_SYSTEMD_INVOCATION_ID属性としてログに付与されています。同じテンプレートから作られた複数unitや再起動前後のunitを区別するために利用できます。JOURNAL_STREAMはjournalのデバイス番号とinode番号です。各アプリケーションの内部で、この値とファイルディスクリプタのデバイス番号、inode番号とを比較することで、アプリケーションは出力先がjournaldかどうかを判定できます。

systemd が用意する環境でシェルを実行

　systemd-run -S またはsystemd-run -t bashのように実行すると、標準入出力を端末に接続した環境内でシェルを実行し、対話的に操作できます（**図4.3**）。

▌図4.3　systemdが用意する環境でシェルを実行

```
$ systemd-run -S    ←シェルを使い捨てunit内で実行
==== AUTHENTICATING FOR org.freedesktop.systemd1.manage-units ====
Authentication is required to manage system services or other units.
Authenticating as: Kazuo Moriwaka (moriwaka)
Password:    ←policykitによる認証。環境によりGUIのダイアログの場合もある
==== AUTHENTICATION COMPLETE ====
Running as unit: run-u4554.service    ←unit名の通知
Press ^] three times within 1s to disconnect TTY.
↑端末から接続を切り離すときはCtrlを押しながら]を3回
# systemctl cat run-u4554.service    ←(1)systemctlで通知されたunitがどこで定義されているかを確認
# /run/systemd/transient/run-u4554.service
# This is a transient unit file, created programmatically via the systemd API. ⏎
Do not edit.
[Unit]
Description=/bin/bash
CollectMode=inactive-or-failed

[Service]
Type=exec
WorkingDirectory=/home/kankun
StandardInput=tty
StandardOutput=tty
StandardError=tty
TTYPath=/dev/pts/1
Environment="TERM=xterm-256color"
ExecStart=
ExecStart="/bin/bash"
# echo $PPID    ←(2)親プロセスはsystemdなのでPPIDは1
1
# id    ←(3)UID、GIDを指定していないのでroot
uid=0(root) gid=0(root) groups=0(root) context=system_u:system_r:initrc_t:s0
```

　このシェルの中でsystemd-runコマンドが一時的に作成したunit fileを見てみましょう。systemctl catでunit fileを見る（**図4.3**の（1））と、標準入出力を仮想端末に接続し、作業ディレクトリをsystemd-run実行時のディレクトリにして、TERM環境変数を設定していることがわかります。このシェルはsystemdの子プロセスとして実行されているので、**echo $PPID**と実行する（**図4.3**の（2））と1が表示されますし、指定しなければUID、GIDもrootです（**図4.3**の（3））。

systemd-run で指定できる環境設定

systemd-runコマンドの-pオプションで、man pageのsystemd.execやsystemd.resource-controlで説明されているディレクティブの多くを指定できます。指定できるパラメータの種類は非常に多いですが、systemd以前であれば数十個のツールとそのオプションや組み合わせが必要だった「実行環境を用意する」ための機能群が、systemdに集約されているため利用しやすくなっています（**表4.1**）。たとえば、systemd-run -p PrivateTmp=true ls -la /tmpのように実行すると、namespaceを利用して/tmpを新規ディレクトリに割り当てたのちlsコマンドを実行します。

▌表4.1　systemd-runで可能な設定と対応するツールの例

ディレクティブ	概要	従来必要だったツール
WorkingDirectory=	プログラムのワーキングディレクトリを指定する。	cd
LimitNOFILE=	ファイルopen数の上限を指定する。	ulimit
OOMScoreAdjust=	OOM Killerの調整を行う。	/proc/self/oom_score_adj
Nice=	nice値（プロセスの実行優先度）を指定する。	nice
CPUSchedulingPolicy=	idle、fifo、rrなどのプロセススケジューリングポリシーを指定する。	chrt
CPUAffinity=	利用するCPUの制限を行う。	taskset
NUMAPolicy=	NUMA（Non-Uniform Memory Access）利用時のメモリ割り当てポリシーを指定する。	numactl
PrivateTmp=、ProtectHome=	/tmpの分離、ユーザーのホームディレクトリ保護を行う。	mount、nsenter
CapabilityBoundingSet=	ケーパビリティ（rootの特権を細分化した単位）設定を行う。	setpriv
CPUQuota=	CPU利用量の上限を設定する。	libcg、cgconfig
IPAddressAllow=	接続を許可するIPアドレスを指定する。	tcpwrapper
NoNewPrivileges=	プロセスや子プロセスにsetuidなどでの権限追加を禁止する。	prctl（2）
StandardInput=、StandardOutput=、StandardError=	プロセスの標準入出力をファイルや端末、ソケットなどに設定する。	シェルのリダイレクト

　宣言的に記述するだけでsystemdが適切に環境を用意してくれるので、systemd以前には活用が面倒であったLinuxの機能も扱いやすくなっていると思います。

4.3　serviceのsandboxing

　systemdは環境用意の一環としてsandboxingと呼ばれるセキュリティ強化の設定を行えます。たとえば、ネットワークへのアクセスを禁止する、利用できるシステムコールを制限する、実行可能で書き込み可能なメモリの割り当てを禁止するなど、サービスが必要としない権限を制限することで、一部の脆弱性を緩和するような指定が可能です。systemd-analyze securityとコマンド入力すると、serviceタイプのunitと、それぞれがどのくらい外部にさらされているかが表示されます（10点満点で点が高いほど外部にさらされている）。オプションとしてunit名を入れると、sandboxingに関係する各ディレクティブ、現状の説明、各項目の点数が表示されます（**図4.4**）。

```
[moriwaka@turtle systemd]$ systemd-analyze security --no-pager ModemManager.service
  NAME                                    DESCRIPTION                                EXPOSURE
✗ PrivateNetwork=                         Service has access to the host's network        0.5
✗ User=/DynamicUser=                      Service runs as root user                       0.4
✓ CapabilityBoundingSet=~CAP_SET(UID|GID|PC… Service cannot change UID/GID identities/c…
✗ CapabilityBoundingSet=~CAP_SYS_ADMIN    Service has administrator privileges             0.3
✓ CapabilityBoundingSet=~CAP_SYS_PTRACE   Service has no ptrace() debugging abilities
✓ RestrictAddressFamilies=~AF_(INET|INET6) Service cannot allocate Internet sockets
✗ RestrictNamespaces=~CLONE_NEWUSER       Service may create user namespaces              0.3
✓ RestrictAddressFamilies=~…              Service cannot allocate exotic sockets
✓ CapabilityBoundingSet=~CAP_(CHOWN|FSETID)… Service cannot change file ownership/acces…
✓ CapabilityBoundingSet=~CAP_(DAC_*|FOWNER|… Service cannot override UNIX file/IPC perm…
✓ CapabilityBoundingSet=~CAP_NET_ADMIN    Service has no network configuration privi…
```

▌ 図4.4　systemd-analyze securityの出力例

　sandboxingの設定も試してみましょう。systemd-run -S -p ProtectHome=yと実行すると、/homeおよび/rootが何もなくなった環境でシェルが実行されます（**図4.5**）。

▌ 図4.5　sandboxingの設定例（ProtectHomeの設定例）

```
$ cd /     ←/home以下がなくなるのであらかじめ/にcdしておく
$ systemd-run -S -p ProtectHome=y --uid=gdm    ←/homeにアクセスできなくする指定
Running as unit: run-u426.service
Press ^] three times within 1s to disconnect TTY.
bash-5.1$ ls -ld /home /root    ←パーミッションがアクセス禁止になっている
d---------. 2 root root 40 Jul  5 08:23 /home
d---------. 2 root root 40 Jul  5 08:23 /root
bash-5.1$ mount|egrep '(home|root)'    ←tmpfsのmountで隠されていることを確認
tmpfs on /home type tmpfs (ro,nosuid,nodev,noexec,seclabel,size=6466936k,
nr_inodes=819200,mode=755,inode64)
tmpfs on /root type tmpfs (ro,nosuid,nodev,noexec,seclabel,size=6466936k,
nr_inodes=819200,mode=755,inode64)
```

```
bash-5.1$ lsns
↑通常シェルでのlsns出力と比較すると、このプロセス用のmount namespaceが用意されていることがわかる
        NS TYPE   NPROCS    PID USER COMMAND
4026531834 time        2 100550 gdm  /bin/bash
4026531835 cgroup      2 100550 gdm  /bin/bash
4026531836 pid         2 100550 gdm  /bin/bash
4026531837 user        2 100550 gdm  /bin/bash
4026531838 uts         2 100550 gdm  /bin/bash
4026531839 ipc         2 100550 gdm  /bin/bash
4026531992 net         2 100550 gdm  /bin/bash
4026533628 mnt         2 100550 gdm  /bin/bash
```

　ホームディレクトリを操作する必要がないサービスに対して、この指定をして/home以下や/rootの内容へアクセスできなくしておけば、動作に影響を与えずに脆弱性を突かれた場合の問題を緩和できます。専用のnamespaceを作成してからtmpfsをbind mountして隠しています。任意パス名のファイルを参照するような攻撃への緩和策となります。

4.4 nohup代わりにsystemd-runを使う

　管理者権限またはpolkit（第14章）での許可が必要ですが、systemd-runをnohup[注1]の代わりとして利用できる場合があります。nohupは実行したシェルの環境変数などを多く引き継いで動作させつつ、端末からのシグナルを切り離しますが、systemd-runでは基本的には何も引き継がない点が大きな違いです。今まで見たようにsystemd-runは環境設定の対応が幅広いので、利用CPU量やメモリの上限を決めたい場合や、journalへ出力を保存する場合などで便利なシーンが多いかと思います。

注1　プロセスを端末から切り離して、端末を閉じても、ログアウトしても処理を継続するために利用されるコマンド。

4.5　systemdによる環境設定を使わずにunitを作る

　systemdによる環境設定を使う必要はないが、ログやプロセス管理のためにunitとしては扱いたい場合があります。`systemd-run --user --scope`とコマンドを実行すると、環境の準備方法が大きく変わり、systemdではなく`systemd-run`プロセス自身が指定したコマンドをexecveします（図4.6）[注2]。

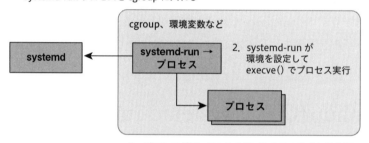

1. systemd はリクエストに従って
   systemd-run プロセスを cgroup に入れる

cgroup、環境変数など

systemd ← systemd-run → プロセス

2. systemd-run が
   環境を設定して
   execve() でプロセス実行

プロセス

3. プロセスがデーモン化や子プロセスの生成などを行っても
   cgroup で追跡する

▌ 図4.6　systemd-run --user --scopeの環境準備

　UID、GID、環境変数その他ほとんどの環境を`systemd-run`を実行するシェルから引き継いで動作しますが、cgroupが設定され、systemdのunitとして管理されます。環境を設定するのも`systemd-run`の権限で行われますので、非特権ユーザーでは環境設定も限定されます。自身の環境を自動設定してから主要な処理を実行するような、既存のプログラムをsystemdのunitとして管理したい場合には便利に使えます。

注2　`--user`についてはコラム「ユーザーセッション用systemd」を参照。

ユーザーセッション用systemd

　ログでsystemdを見る場合は、PIDが1かそれ以外かで大きく意味が違いますので注意しましょう。

　システム全体を管理するPID 1のsystemdとは別に、ログインした各ユーザーに対応するsystemdが実行されます。今まで見てきたプロセス実行環境を整える能力や第3章で扱った依存関係を解決する能力は、サービス管理だけでなくデスクトップ環境などでも有用です。そのため、systemdは各ユーザーに対応したsystemdを起動し、ログイン時のサービス自動起動、デバイス挿抜時のプログラム実行、ユーザー定義サービスの起動などを行います。Linuxデスクトップ環境を利用している方は `systemctl --user -t service`とコマンドを実行してみましょう。ユーザーに対応するsystemdが管理する各種のサービスが一覧表示されます。初めて見る人は「これもsystemdが管理していたのか」と驚くと思います。

　ユーザーセッション用のsystemdは、システム用のsystemdと同じプログラムで、**--user**オプションを付けて起動されます。PIDは1ではありません。XDG規格[注3]のデスクトップ環境向け自動起動設定は、専用のgenerator（第7章）で自動的にsystemdのunitに変換されて実行されます。同じユーザーによる複数セッションがある場合は、1つのsystemdインスタンスがすべてのセッションを管理し、最後のセッションが終了するとsystemdも終了します。過去のバージョンではセッションごとにsystemdが1つでしたが、systemd 206からユーザーに対してsystemdが1つになっています。

　systemctl、**systemd-run**などのコマンドもユーザーセッション用のsystemdと連携して使えます。それぞれのコマンドに**--user**オプションを付けることでシステム全体を管理するsystemdではなくユーザーセッション向けのsystemdと通信します。unit fileは、システム全体用の/system/ディレクトリと並ぶ/user/ディレクトリに格納されるほか、~/.config/systemd/user/にも配置されるので各ユーザーが自由にunit fileを作成できます。もちろん権限は各ユーザーのものですので、UID変更などのrootしか実行できない処理は利用できません。

　図4.6の例では、**systemd-run --user --scope**コマンドはユーザーセッション用のsystemdと通信し、cgroup管理用のscopeタイプのunit（第8章）を作成しています。

注3　X Desktop Group。freedesktop.org の正式名称。デスクトップ関連の規格を策定している。

第 **5** 章

service unit

5.1 service unitの役割

　本章ではserviceタイプのunit（以下、service unit）を紹介します。service unitは、サービスの起動／終了／監視を管理します。service unitが行う仕事は大きく分けて次の4つです。

① サービスが動作する環境を用意
② サービスを起動
③ 起動したサービスの監視／再起動
④ サービスを終了

　①については第4章で扱いましたので、本章は②〜④を扱います。
　service unitはsystemdで登場するunitの中で最も複雑です。これは管理対象となるサービスの実装方法にさまざまな方式があることに由来します。本章で登場するディレクティブなどはおもにman page systemd.exec（5）とsystemd.service（5）、systemd.kill（5）に記載されています。

5.2 service unitへの操作

　systemctlコマンドやAPIで行うservice unitへのおもな操作は、start、stop、reloadの3種類です。対応するのはExecStart、ExecStop、ExecReloadのディレクティブで、start、stop、reloadの3種の操作にそれぞれ対応するコマンドを設定できます。
　ExecStartは指定が必須で1つ（後述するType=oneshotでは複数）のコマンドを指定します。ExecStop、ExecReloadの指定は任意で、シェルに似たセミコロンを挟む記法や複数回指定により、0から複数のコマンド実行を指定できます。さらに、ExecStartとExecStopの前処理／後処理を行うExecStartPre、ExecStartPost、ExecStopPost[注1]の3種は複数コマンドを指定可能で、記述順に実行します（**リスト5.1**）。

注1　ExecStopPre は存在しません。

▎ リスト5.1　ExecStartPreを複数回指定する例 (出典：multipathd.service)

```
# コマンド直前の-は、終了コードが0以外でもfailにせずに無視することを示す
[Service]
Type=notify
NotifyAccess=main
LimitCORE=infinity
ExecStartPre=-/sbin/modprobe -a scsi_dh_alua scsi_dh_emc scsi_dh_rdac dm-multipath
ExecStartPre=-/sbin/multipath -A
ExecStart=/sbin/multipathd -d -s
ExecReload=/sbin/multipathd reconfigure
TasksMax=infinity
```

　コマンド指定時に利用できる構文はシェルと比較すると非常に制限されていて、パイプやリダイレクトなどは利用できません。

　systemdはサービスを監視します。代表プロセス[注2]を監視して、プロセスの状態をunitの状態に反映します。(Type=forking以外では) デフォルトでExecStartで実行するコマンドが代表プロセスになります。ExecStop、ExecReloadでは、$MAINPIDとして代表プロセスのPIDを参照できます。

5.3　起動／終了のおおまかな流れ

　systemdは多様な起動／終了のパターンに対応しているのですが、まずはシンプルなケースを取り上げてイメージをつかみましょう。

(サービス起動)

① (systemctl start コマンドなどで) systemdへservice unitを起動させる依頼がくる。

② systemdはCondition*のディレクティブやservice unitがinactiveであることなどの確認をする。前提条件を満たさない場合は処理をしない。

③ systemdがfork() して、service unitに対応する作業用プロセスを作成する。service unitがactiveになる。

④ 作業用プロセスが環境変数やcgroupなどの環境設定を行う。

⑤ ExecStartで指定されたプログラムをexecve() で実行する。これが代表プロセスとなる。

⑥ プログラムは任意の処理を行う。

注2　systemd のドキュメントでは main service process と記載されています。

サービス終了

① （`systemctl stop`コマンドなどで）service unitを終了させる依頼がくる。

② systemdはservice unitがactiveであることを確認する。

③ `ExecStop`が指定されている場合、指定されたコマンドを実行する。`ExecStop`が指定されていなければ全プロセス（または代表プロセス）へSIGTERMのシグナルを送る。

④ `TimeoutStopSec`で指定された時間だけ待ち、それまでに終了していなければSIGKILLのシグナルを送る。

⑤ `ExecStopPost`が指定されている場合、指定されたコマンドを実行する。

⑥ serviceのために用意したcgroupなどのリソースを回収して、service unitをinactiveにする。

　もちろんこのパターーンだけでLinuxのサービス管理をすべてカバーすることはできません。デーモン化[注3]を行う場合や、iptablesやsysctlのように初期化だけを行ってプロセスが終了する場合もあります。systemdではservice unitについて、いくつかの典型的な動作をTypeとして用意したうえで、成功失敗の判定やタイムアウトやシグナルの種類などを細かくカスタマイズできるようにしています。

5.4　serviceのTypeとactiveになるタイミング

　service unitにはTypeという属性があります。これは管理対象がどのように動作するかを表し、「どの時点でactiveだとみなすか」「どのようにしてサービスを監視するか」などを示します。Typeはsimple、exec、forking、oneshot、dbus、notify、idleの7種類あります。このうちnotifyは、systemdを意識してプログラムを実装する必要がありますが、ほかのTypeより高機能です。

　activeとみなすタイミングは、サービスの前後関係の解決に影響するため重要です（**図5.1**）。

注3　端末から切り離されたプロセスを作成し、シグナルを受けないようにする手順。

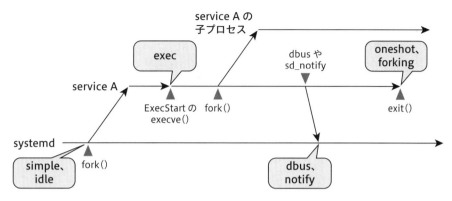

▌ 図5.1 activeとみなすタイミング

　たとえば、service A と B のどちらも `Type=simple` の場合、service B に `After=A.service` と指定をすると、A と B が active になる順序は保証されますが、`ExecStart` に指定されたコマンドの実行順序は不定になります（**図5.2**）。

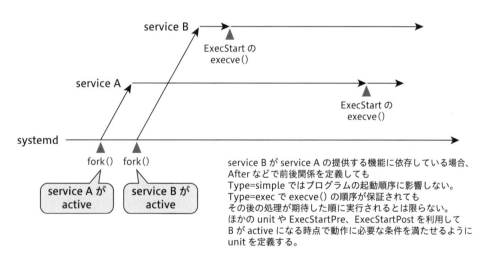

▌ 図5.2 unitの前後関係と実行順序の逆転

以降、各**Type**の詳細を説明します。

simple

　Typeがsimpleの場合、systemdが代表プロセスのfork()に成功した時点でactiveになったとみなされます。たとえば、ExecStartディレクティブで指定されたサービスのバイナリが実際には存在せず、うまく実行できないような場合でも、fork()の時点でいったんactiveになり、その後failedになります。

　simpleでは、ExecStartで指定したプログラムがまったく実行されないままactiveになり、依存関係が解決されたとみなされます。つまり、プログラムがシステムのほかのunitとの通信をして何かしらのサービスを提供する場合、あらかじめ先に実行されるunitやsystemdによる環境設定もしくはExecStartPreによって通信路が初期化されることを前提としています。activeになるよりも先に通信路が初期化されている前提が満たされないと、このサービスに依存するほかのunitが起動するときに通信しようとして実行に失敗し、障害につながります。

exec

　Typeがexecの場合、activeとみなされるタイミングは、ExecStartで指定したプログラムのexecve()が成功した時点です。execve()に失敗するとunitの状態がfailedになります。fork()とexecve()の間でsystemdにより実行される環境設定で設定されるnamespaceやcgroupや、特定のコマンド名を持つプロセスが存在することが、後続のunitに必要な場合に利用します。

forking

　Typeがforkingの場合、execve()されたプログラムは初期化途中でfork()を呼んで子プロセスを生成したのちにexit()をして、代表プロセスを終了することが想定されています。これは典型的にはデーモン化を行うプログラムの動作です。代表プロセスがexit()した時点でサービスがactiveになったとみなされます。監視するべきプロセスIDをsystemdに知らせるために、PIDFileを指定してプロセスIDをsystemdへ伝えることで、新しい代表プロセスを選択します。

oneshot

　Typeがoneshotの場合もsimpleに似ていますが、activeだとみなされるタイミングは代表プロセスが終了した時点です。デフォルトでは、代表プロセスが終了するとactivating状態から（Afterの依存関係は解決されますが）activeにはならずに、deactivatingまたはinactive状態に直接遷移します。oneshotはExecStartに0個または複数個のコマンドを指定できる唯一のType

で、複数コマンドを指定した場合には最後のコマンドが終了するとactiveとみなされます。

　注意点として、長時間動作し続けるプロセスがある場合にはoneshotではなくforkingやsimpleなどほかのTypeを利用します。とくにデーモンを起動するようなスクリプトをoneshotで実行すると、プロセスを監視しないため異常終了などの検知ができません。

　oneshotの場合でかつRemainAfterExit=yesを指定すると、プロセスが終了して終了コードが成功の場合にactiveになります。これはiptablesのような初期化と終了処理だけを行う場合に対応します。

dbus

　Typeがdbusの場合もsimpleに似ていますが、サービスが取得するD-Bus[注4]nameをBusNameで指定します。systemdがD-Bus nameの取得を認識するとactiveとみなされます。

notify

　Typeがnotifyの場合はexecに似ていますが、プログラムがsystemdへ明示的に起動完了の通知を送り、systemdがそれを受信するとactiveとみなします。通知を送るプロセスは代表プロセスである必要はありません。この動作にはプログラムのsystemd対応が必要で、libsystemdで提供されるsd_notify関数によりsystemdと通信します。デーモン化の有無にかかわらず、明示的にサービスの代表プロセス変更や状態変更をプログラムから操作できます。初期化が完了したことの通知以外にもエラー状態の通知、定期的な通信によるwatchdog[注5]を設定することもできます。

idle

　Typeがidleの場合はsimpleとほとんど同じですが、実際のJob実行開始がほかのすべてのJobよりあと、もしくは5秒のタイムアウト後のどちらか短いものになります。gettyなどのサービスの表示が、起動時の他サービスの出力で乱されないようにするための特殊なTypeで通常は利用しません。

注4　同一マシン内で動作する複数プロセス間でメッセージのやりとりを行うミドルウェア。デスクトップ環境が発祥でNetworkManager、CUPS、systemdなどの基盤でも利用される。第14章を参照。

注5　定期的に通信を行い、通信がないことで過負荷や異常を伝えるしくみ。

5.5　サービスの終了

　シンプルなケースでは、サービス終了時に単純にcgroupに所属する全プロセスへシグナル
SIGTERMを送信するか、`ExecStop`で指定されたコマンドを実行して、プロセスが終了します。
systemdはPID 1でプロセスの終了を待ち受けますから、各プロセスの終了コードや受信した
シグナルを取得できます。systemdはプロセスの終了コードの値や、受信したシグナルの種類に
よってサービス終了の成否を判断します。プログラムによりシグナルや終了コードの利用方法に
はバリエーションがあります。そのため、どのプロセスへシグナルを送信するか（`KillMode`）、シグ
ナルの種類は何か（`KillSignal`）、どの終了コードを成功／失敗とみなすか（`SuccessExitStatus`）
のような設定が可能です。さらに、systemdはデフォルトでタイムアウト設定（`TimeoutStopSec`）
を持ち、デフォルトでは`ExecStop`のコマンド実行やサービス停止処理に90秒以上かかる場合に
はSIGKILLで強制的にプロセスを終了します。

■ サービス終了後の動作

　対象プロセスが正常に終了するとunitはinactiveになり、異常終了とみなされた場合はfailed
になります。たとえば、**図5.3**はchronydサービスのプロセスをSIGKILLで停止した場合の出力
例です。Active欄がfailedとなっていること、Main PID欄に`(code=killed, signal=KILL)`と記載
されておりSIGKILLが起因となって終了したことがわかります。

▌ 図5.3　SIGKILLでプロセスを停止した場合の表示例

```
# systemctl status chronyd.service
× chronyd.service - NTP client/server
     Loaded: loaded (/usr/lib/systemd/system/chronyd.service; enabled; preset: enabled)
     Active: failed (Result: signal) since Fri 2023-02-24 16:02:23 JST; 3s ago
   Duration: 11.457s
       Docs: man:chronyd(8)
             man:chrony.conf(5)
    Process: 434847 ExecStart=/usr/sbin/chronyd $OPTIONS (code=exited, status=0/SUCCESS)
   Main PID: 434851 (code=killed, signal=KILL)
        CPU: 30ms
```

　サービスが終了したあとに正常／異常を問わずクリーンアップ処理を行う、`ExecStopPost`を指定できます。環境変数（SERVICE_RESULT、EXIT_CODE、EXIT_STATUS）によりサービス終了時の状態が渡されます。`ExecStopPost`で指定されたプログラムの実行終了を待ってサービス終了が完了します。

5.6　プロセスの監視と再起動

監視

　systemdは代表プロセスを監視してservice unitの状態に反映します。具体的には、シグナルやexit()でのプロセス終了確認のほか、systemdに対応したプログラムでは定期的な通信を使ったwatchdogによる状態確認も利用できます。

　デフォルトでは`ExecStart`で実行されるプロセスが監視されます。しかし、oneshotとforkingの場合は、activeになった時点で`ExecStart`で実行するプロセスは終了しています。oneshotは監視を行いません。forkingはサービスを提供する代表プロセスを`PIDFile`を通じて知らせるか、もし指定がなければsystemdがヒューリスティックで推測します。この推測は外れることもありますので、このような動作の場合には`PIDFile`を利用することが推奨されます。

再起動

　デフォルトでは代表プロセスの終了でサービスが終了しますが、これを契機としてサービスの再起動を実行させることができます。明示的にstopを依頼されて終了する場合は動作せず、シグナルによる終了やプログラム中のexit()、`ExecStart`実行のタイムアウト、watchdogの失敗といったユーザーの指示によらない終了がきっかけとなります。`Restart=always`として使われることが多いですが、終了コードやシグナルの種別により`Restart`の有無を柔軟に指定できます。詳しい分類やカスタマイズについてはman page systemd.service（5）を確認してください。

　自動再起動（を含む同一unitのstart）には頻度の制限があり、再起動が頻繁過ぎる場合には自動再起動が停止されfailed状態になります。この場合、手動での起動にも失敗するようになります。`systemctl reset-failed unit名`でsystemd内部のカウンタとunitの状態をリセットすると、再度操作ができるようになります。サービスごとに頻度制限を調整する場合には、`StartLimitIntervalSec`と`StartLimitBurst`で指定します。

5.7 起動／終了時の実行フロー

　サービスを実行する主要なコマンドの前に、通信路の準備やデータベース（DB）が存在しない場合の初期化などの前処理のために別コマンドを実行したいケースや、または、コマンド終了後に利用していた一時ファイルを掃除するなどの別コマンドを実行したいケースがあります。このような場合のために、ExecStartの前に実行されるExecStartPre、サービスがactiveとみなされるタイミングで実行されるExecStartPost、終了後に実施されるExecStopPostなどのディレクティブが提供されています（**表5.1**）。

▌ 表5.1　サービス起動／終了に関するディレクティブ

ディレクティブ	意味
ExecStartPre	依存関係を満たすために必要なリソース確保処理、一般的な前処理
ExecStart	実際のサービスを提供するプログラム
ExecStartPost	unitをactiveにする前に実施する必要がある後処理
ExecStop	サービス停止を実行するプログラム
ExecStopPost	依存関係に関わるリソースの解放処理、一般的な終了後の後処理、unitをinactiveにする前に実施する必要がある後処理
ExecReload	サービスのリロードを実行する、リロードに成功したことが確認できるプログラム。`kill -HUP $MAINPID`のような非同期に実施されるコマンドは複数サービスをリロードする際に順序を保証できなくなるため非推奨

　ExecStartPostは、forkingで利用する`PIDFile`を作成したり、simpleでプログラムがほかのプロセスと通信できることを確認したりする用途が想定されています。各**Type**がactiveとみなされるタイミング、たとえば、**Type=forking**であれば代表プロセスがexit()したタイミングで、ExecStartPostで指定したコマンドのfork()、execve()を開始します。ExecStartPost実行中はactivating状態で、指定したコマンドがすべて終了することを待ってからactiveとみなされます（**図5.4**）。

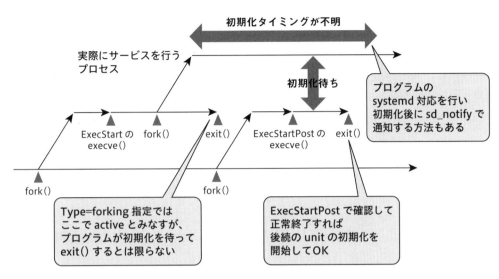

初期化タイミングが不明

実際にサービスを行う
プロセス

初期化待ち

ExecStart の
execve()

fork()

exit()

ExecStartPost の
execve()

exit()

プログラムの
systemd 対応を行い
初期化後に sd_notify で
通知する方法もある

fork()

fork()

Type=forking 指定では
ここで active とみなすが、
プログラムが初期化を待って
exit() するとは限らない

ExecStartPost で確認して
正常終了すれば
後続の unit の初期化を
開始して OK

▍図5.4　ExecStartPostの必要性（forkingの例）

これらを交えた実行フローは**図5.5**のようになります。

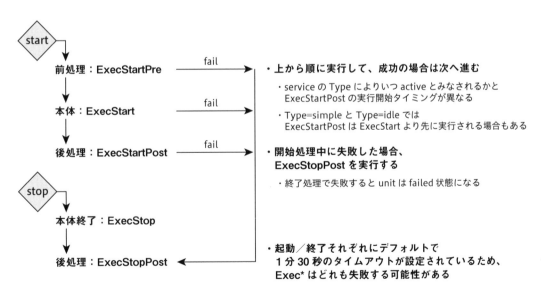

start

前処理：ExecStartPre — fail →

本体：ExecStart — fail →

後処理：ExecStartPost — fail →

stop

本体終了：ExecStop

後処理：ExecStopPost ←

・**上から順に実行して、成功の場合は次へ進む**
　・service の Type によりいつ active とみなされるかと
　　ExecStartPost の実行開始タイミングが異なる
　・Type=simple と Type=idle では
　　ExecStartPost は ExecStart より先に実行される場合もある

・**開始処理中に失敗した場合、**
　ExecStopPost を実行する
　・終了処理で失敗すると unit は failed 状態になる

・**起動／終了それぞれにデフォルトで**
　1分30秒のタイムアウトが設定されているため、
　Exec* はどれも失敗する可能性がある

▍図5.5　serviceの起動／終了フロー

5.8　起動用と確認用の service unit に分離する

　初期化処理に時間がかかる場合、`ExecStartPost`で待つ方法のほかに、起動を行う service unit と初期化完了の確認をする service unit の 2 つに分離する方法があります。

　この方法は、NetworkManager.service と NetworkManager-wait-online.service の組み合わせが典型的です。NetworkManager.service は起動を行い、NetworkManager-wait-online.service は`nm-online -s`で NetworkManager のログを監視して初期化処理が終了したことを確認します。

　ネットワーク初期化については、さらに次のように target タイプの unit で挟んで前後関係を定義しています。

　　　network-pre.target
　　　　↓
　　　NetworkManager.service
　　　　↓
　　　network.target
　　　　↓
　　　NetworkManager-wait-online.service
　　　　↓
　　　network-online.target

　ほかの unit は、たとえば、NetworkManager-wait-online.service ではなく network-online.target への依存関係を定義します。このようにすることで、NetworkManager を systemd-networkd などの別実装と差し替えてもほかの unit への影響が小さくなります。

5.9 トラブルシュート集

unit を disable したのにサービスが起動する

　systemdでの「システム起動」は、default.targetがactiveになることを意味します。GUI環境を利用しない場合、デフォルトではmulti-user.targetがdefault.targetで、これをactiveにします。ほかのunitはすべて第3章で紹介したunit間の依存関係によりactiveにされます。multi-user.targetは、systemd環境であらかじめ用意される特殊なtarget unitの1つで、（シングルユーザーモードではなく）複数ユーザーが利用できる状態を意味しています。

　GUI環境を利用する場合には、graphical.targetをactiveにします。これら2つのtarget unitがsystemd環境で標準的に利用される「システム起動」を意味するtarget unitです。graphical.targetの定義内にはRequires=multi-user.targetとしてmulti-user.targetへの依存関係が含まれますので、どちらを指定した場合にもmulti-user.targetから依存関係が定義されているサービスはactiveにされます。

　第2章でも触れましたが、あるunitを有効／無効化したいときに、enable/disableのほかにunmask/maskの操作があります。enable/disableは、unit fileの［Install］セクションで定義された依存関係を追加／削除する操作です。

　たとえば、httpd.serviceの［Install］セクションにWantedBy=multi-user.targetと記述がある場合、コマンドsystemctl enable httpd.serviceは/etc/systemd/system/multi-user.target.wants/httpd.serviceというシンボリックリンクを作成します。このシンボリックリンクがmulti-user.targetからhttpd.serviceへのWants依存関係を示すので、次回のシステム起動時にはhttpd.serviceが起動されます。

　逆に、systemctl disable httpd.serviceと実行すると、このシンボリックリンクを削除するため、起動時にhttpd.serviceが直接起動されることはなくなります。ここで「直接」と書いたのは、間接的に起動される可能性があるからです。たとえば、foobar.serviceがWants=httpd.serviceという記述を持っていてシステム起動時にactiveにされる場合、依存関係をたどってhttpd.serviceもactiveにされます。

　unmask/maskの操作はunitの定義を隠すことで、間接的にも起動することを禁止します。systemctl mask httpd.serviceのように実行することで、/dev/nullへのシンボリックリンク/etc/systemd/system/httpd.serviceが作成されます。これはパッケージなどで導入されたhttpd.serviceの定義を隠し、unit fileは存在しないものとして扱われます。

「unitをdisableしたはずなのに、いつの間にか起動している」という場合は、`systemctl list-dependencies --reverse unit名`でそのunitへ依存しているunitを確認し、問題なければmaskを試してみてください。第6章で紹介するsocket activationまたは第14章で紹介するD-Bus Activationにより起動される場合もあります。

全部の起動が完了したあとに特定サービスを起動したい

「ほかの全部のサービスが起動したあとに特定のサービスを起動したい」という質問はよくあるものですが、このような希望を簡単に実現する方法は存在しません。

systemdには「全部のサービスが起動した」という概念がありません。第6章で見るように、socket activationやpath-based activationでsystemdが待ち受けているだけで、対応するプログラムは（実際のアクセスが行われるまで）いつまでも起動されないことが通常です。

このような場合には、対象のunitより先にactiveになっているべきすべてのunitを、対象unitの`After`と`Wants`ディレクティブに列挙します。明確なunitの依存関係として定義してしまえば、systemdが適切に前後関係を処理してくれます。

service unit は active なのにサービスが動作していない期間がある

設定に問題がないのに、`systemctl start foobar.service`が成功しても実際のサービスの動作は始まっていない場合があります。これはservice unitがactiveとみなされるタイミングと、実際のサービス開始との間に、プログラムの初期化などのためのタイムラグがあるからです。activeである場合には常にサービスが動作している必要があるなら、`ExecStartPost`にサービスの動作を待つプログラムを記述するか、別unitとしてサービスの動作を待ってactiveになるunitを作成します。

サービスの停止を確実にログに記録したい

「シャットダウン時にサービスが終了したことを確実にログに記録したい」というケースでは、対象のサービスを、ログを保存するサービスより先に終了させることが必要です。

`reboot`コマンドや`shutdown`コマンドによるsystemdのシャットダウン処理では、shutdown.targetがactiveになります。`DefaultDependencies=no`を指定していないほぼすべてのservice unitは、shutdown.targetとの`Conflict`と`Before`が暗黙に定義されますから、ほぼすべてのサービスが同時に停止処理を始めます。この停止されるservice unitにrsyslogなどのログ保存に関係するサービスも含まれていますから、前後関係を定義しないとログが保存されることを保証でき

ません。

ログ記録の設定によりますが、`After=rsyslog.service systemd-journald.service`のようにして、ログ記録のサービスより先に終了処理が行われるようにします。次に、`ExecStopPost`ディレクティブを定義して、関連するプロセスが終了したことを確認してからunitがinactiveになるようにします。どのように確認をするかはプログラムによりますが、pidファイルが削除されたことを確認する、ログに特定の文字列が出力されたことを確認するなどのイベントを待ち続けるプログラムを指定します。複雑なことを行いたくない場合、`/usr/bin/sleep 10`のように指定して「しばらく待って、それまでに停止しなかった場合についてはあきらめる」という方法もあります。

このように設定することで、シャットダウン時にはまず依存関係に従ってサービスをログ保存サービスより先に終了開始させ、終了処理の完了を待ってからログ関連サービスの終了処理を開始します。

シャットダウン時に特定のメッセージを出力したいだけの場合、**リスト5.2**のように`ExecStart=/bin/true`のように設定して起動時には何もしないサービスを作り、`ExecStop`で任意のログを出力させることができます。

▍ リスト5.2　終了前に特定のログを記録する設定例

```
[Unit]
Description=System dying message
After=rsyslog.service

[Service]
Type=oneshot
RemainAfterExit=yes
ExecStart=/bin/true
ExecStop=/usr/bin/logger "shutdown started!"
ExecStop=sleep 5

[Install]
WantedBy=multi-user.target
```

サービスは実行できているが service unit は終了しているなど状態がかみ合わない

サービスの実行ユーザーを切り替えるために、systemdのUserディレクティブではなく、従来からあるsu、sudo、runuserなどのコマンドを利用している場合があります。これらのコマンドはPAMを使ってユーザーセッションを作成します。ユーザーセッションは（session-5.scope）のような専用のunitとなり、サービスのunitの一部にはなりません。このunitの違いが原因となって

トラブルが発生する場合があります。systemdからのプロセス監視ができないためプロセスの異常終了検出／サービスの二重起動検出などができなくなるほか、journal（第10章）のログでunitとの対応づけが行われないなどの問題が起きます。su、sudoやrunuserの代わりにsetprivコマンド、もしくはrunuserコマンドに-lオプションを付けず利用するようにスクリプトを書き換えるなどの対応が必要です。

timer/path/
socket unit

6.1 イベントを契機に service を active にする unit

　本章では、systemd がイベントを待ち受けて、それを契機として service unit を active にするための、timer、path、socket タイプの unit を紹介します。これらの unit は必ず service タイプの unit とセットで利用されます。関連する man page は、systemd.timer（5）、systemd.time（7）、systemd.path（5）、systemd.socket（5）です。

6.2 timer unit

　timer unit は指定されたタイミングで発火して、対応する service unit を active にします。systemd ではこのしくみを time-based activation と呼んでいます。cron のような日・時・曜日などを指定した定期的な実行のほか、システム起動や unit の active 化などいくつかのイベントからの経過時間を指定できます。

　fstrim[注1] の例（**リスト6.1**）を見てみましょう。

▌ リスト6.1　time-based activation の例

```
# /usr/lib/systemd/system/fstrim.timer
[Unit]
Description=Discard unused blocks once a week
Documentation=man:fstrim
ConditionVirtualization=!container

[Timer]
OnCalendar=weekly
AccuracySec=1h
Persistent=true
RandomizedDelaySec=6000

[Install]
WantedBy=timers.target
```

注1　fstrim はファイルシステムの未使用ブロックをブロックデバイスへ伝えるツールで、util-linux に含まれています。未使用ブロックを伝えることは SSD のウェアレベリングや、エンタープライズ向けストレージでのシンプロビジョニングに役立ちます。

```
# /usr/lib/systemd/system/fstrim.service
[Unit]
Description=Discard unused blocks on filesystems from /etc/fstab
Documentation=man:fstrim(8)
ConditionVirtualization=!container

[Service]
Type=oneshot
ExecStart=/usr/sbin/fstrim --listed-in /etc/fstab:/proc/self/mountinfo --verbose ⏎
--quiet-unsupported
(..略..)
```

　とくに指定がない場合、このように同じ名前のtimer unitとservice unitがペアになります。この例では週に1回fstrimを実行するよう設定されています。

　`OnCalendar=weekly`とある行がtimer unitの主要な定義です。systemdでは時刻やカレンダーの指定に"weekly" "hourly"のような記述が可能です。man page systemd.time（7）に書式が詳しく説明されています。

　また、`systemd-analyze calendar`コマンドに時刻（timestamp）やカレンダー（calendar）の指定で使われている文字列を渡すと、具体的な意味と次回の発火タイミングを確認できます。たとえば、図6.1では、"weekly"という文字列を渡すと、具体的には毎週月曜日の0時0分を示すことや、次回の実行は4日後であることがわかります。

▌ 図6.1　systemd-analyze calendarの実行例

```
$ systemd-analyze calendar weekly
  Original form: weekly
Normalized form: Mon *-*-* 00:00:00
   Next elapse: Mon 2021-09-06 00:00:00 JST
       (in UTC): Sun 2021-09-05 15:00:00 UTC
      From now: 4 days left
```

　`Persistent`ディレクティブは、`OnCalendar`との組み合わせで利用します。システムのシャットダウンなどにより停止中にタイマーが発火するタイミングがあった場合、`Persistent=true`であれば再起動後に発火します。fstrimの例（リスト6.1）では昼間にしか利用しないPCであっても、月曜0時をまたいで次に起動したときにfstrimが実行されます。

　`Persistent`ディレクティブを利用している場合、最後にtimer unitが発火した時刻が/var/lib/systemd/timers/以下に記録され、再起動後も前回の起動時刻を確認できるようになっています。

■ イベントからの経過時間を指定する

timer unitではさまざまなイベントからの経過時間を指定でき（**表6.1**）、複数の契機を記述できます。

▌表6.1　timer unitにおける経過時間を指定するためのディレクティブ

ディレクティブ	概要
OnBootSec	システムが起動してからの相対時間
OnStartupSec	systemdが起動してからの時間。システム全体を管理するsystemdではOnBootSecとほぼ同じ。ユーザーセッションではログイン直後からの相対時間
OnActiveSec	timer unit自身がactiveにされてからの相対時間
OnUnitActiveSec	timerに対応するservice unitがactiveになってからの時間
OnUnitInactiveSec	timerに対応するservice unitがinactiveになってからの時間
OnCalendar	カレンダー上の時刻（cronのような指定ができる）

たとえば、`OnBootSec=0`と`OnCalendar=Wed`のように指定すると、起動直後と毎週水曜日に起動させる指定ができ、従来cronやanacronで指定されたような定期起動を実施できます。ただし、unitがactiveの状態ではstartを受け付けませんから二重に実行されることはありません。

カレンダーによる指定のほかに、`OnBootSec`などと`OnUnitInactiveSec`または`OnUnitActiveSec`を組み合わせた指定により、繰り返し実行を定義できます（**図6.2**）。

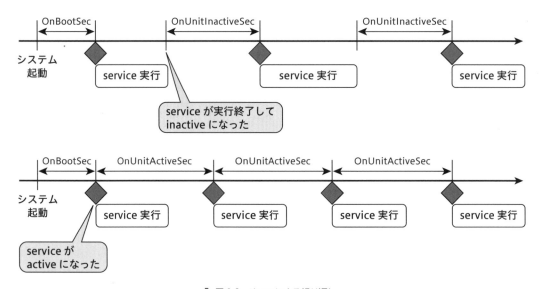

▌図6.2　timerによる繰り返し

ランダムな遅延

　多数のシステムが同時に動作する仮想化環境やクラスタで重要になるのが、`RandomizedDelaySec`ディレクティブです。timer unitで指定された時刻がきたあと、実際のイベント発火をランダムな時間（0から指定時間まで）遅延させます。同じプログラムが同時に実行されることによる負荷の集中を避けるために利用します。この指定は`Persistent`ディレクティブの発火時にも影響します。つまり、システム起動中にtimer unit群がactiveになった直後に多数の対応するservice unitが起動されるのではなく、ランダムに待ったあとで実行されます。

　`RandomizedDelaySec`ディレクティブではタイマー発火ごとに毎回ランダムな時間のずれを発生させます。複数システム間での実行タイミングはずらしたい一方で、ある1つのシステム内でのタイマー発火間隔は1時間おきのように安定させる必要がある場合には、`FixedRandomDelay=true`と指定します。この指定があると乱数ではなく、システムごとにユニークなIDであるmachine IDなどを利用したハッシュ値を利用して遅延が決定され、同一システム内でのずれが一定になります。`FixedRandomDelay`はsystemd 247で導入されたディレクティブでRHEL 9から利用できます。

省電力のためのサービス起動時刻の調整

　`RandomizedDelaySec`とは別に、省電力のためシステム内のサービス起動タイミングをそろえる最大1分の`AccuracySec`がデフォルトで設定されています[注2]。つまり、`RandomizedDelaySec`が指定されていない場合でも最大1分の遅延が挿入されます。`AccuracySec`は要件に合わせて任意に設定することができますが、以下で述べるしくみにより1分より長く設定しても意味はありません。0は指定できないので、タイマー発火の時刻をできるだけ正確に指定したい場合には1usを指定します。

　`AccuracySec`は、systemd 252時点の実装では1分ごと、10秒ごと、1秒ごと、250ミリ秒（msec）ごとにシステムのboot ID[注3]をもととしたハッシュ値からオフセットを決めます（**図6.3**）。systemdのタイマーは内部では唯一の時刻ではなく、発火が可能な期間を表す2つの時刻の組として表現されます。2つの時刻とは、タイマーの発火が可能になる開始時刻と、遅くともここまでには発火させたいという終了時刻（開始時刻 + `AccuracySec`）の2つの時刻です。この期間の中に1分ごとのオフセットが含まれていれば、最初のタイミングをタイマーの実際の発火時刻とします。もし含まれなければ順に短いサイクルのオフセットを試し、適合するオフセットがあればその時刻に実際に発火します。適合するオフセットが見つからなければ、（省電力についてはあきらめて）開始時刻 + `AccuracySec`を発火時刻として設定します。

注2　先述のリスト6.1のfstrimの例では、AccuracySec=1hと指定されていますが、この場合でも実際の遅延は最大1分です。
注3　boot IDはシステム起動ごとにユニークなIDです。同じシステムであっても起動ごとに毎回異なるboot IDが生成されます。

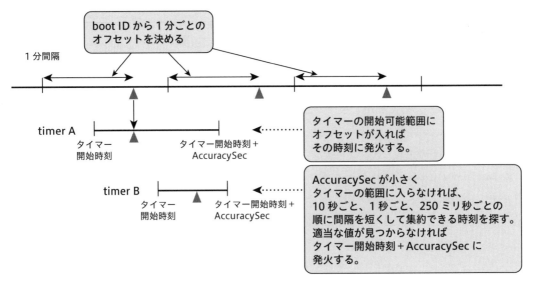

図6.3　AccuracySecのしくみ

6.3　path unit

　path unitは指定されたファイルやディレクトリを監視し、指定された条件を満たすとservice
をactiveにします。systemdではこのしくみをpath-based activationと呼んでいます。

　指定したファイルやディレクトリが存在すること（`PathExists`）、ディレクトリが空でないこと
（`DirectoryNotEmpty`）のほか、inotifyにより既存のファイルに何らかの書き込みが行われたこと
（`PathModified`）、変更のうえcloseされたこと（`PathChanged`）をイベントとして検出して発火しま
す。

　RHELに限ると、path unitは過去にCUPS[注4]で既存の印刷ジョブの有無をチェックしてす
ぐ起動するかどうかの判断に利用されていたケースを除くと、あまり使われていませんが、
サービスで処理するべきジョブやイベントが特定のディレクトリにファイルとして保存され
るような場合に有用です。特定のファイルの有無によってservice unitを起動する／しないを
切り替えるようなケースでは、第3章で紹介したCondition文である`ConditionPathExists`や
`ConditionPathExistsGlob`がよく使われています。

注4　CUPSはプリンタの制御やリモート印刷サービスを提供します。https://www.cups.org/

6.4 socket unit

ソケット[注5]やD-Bus（第14章）による通信を行う場合、サービスが実際に動作していなくても systemdに代理で待ち受けを行わせることで、実際のサービス起動を遅延させることが可能です。このしくみをsocket activationと呼び、いくつか利点があります。

- 利用するかもしれないが、めったに利用されないサービスを、実際に必要になるまで起動せずに済む。systemdがソケット待ち受けを行うコストは無視できるほど小さいのでメモリなどの資源を節約できる。
- service Aと通信する必要があるservice Bを起動するときに、先にsocket Aを用意しておくとservice A、Bを並行に起動できる。Aの起動を待ってからBを起動する必要がなくなり、システム起動時間が短縮される。

socket activationを利用するには、serviceのunit fileと同名で拡張子が.socketのunit fileを作ります。

リスト6.2のpodman API[注6]の例を見てみましょう。

▌ リスト6.2　socket activationの例

```
# /usr/lib/systemd/system/podman.socket
[Unit]
Description=Podman API Socket
Documentation=man:podman-system-service(1)

[Socket]
ListenStream=%t/podman/podman.sock
SocketMode=0660

[Install]
WantedBy=sockets.target
```

```
# /usr/lib/systemd/system/podman.service
[Unit]
Description=Podman API Service
Requires=podman.socket
After=podman.socket
```

注5　OSが扱うソケットをsocket unitと区別しやすくするため、「ソケット」とカタカナ表記します。
注6　podmanはOCIコンテナやコンテナイメージを管理するツールです。podman APIではpodmanの機能をRESTful APIで提供します。このAPIはdocker-composeなどから利用されます。

```
Documentation=man:podman-system-service(1)
StartLimitIntervalSec=0

[Service]
Type=exec
KillMode=process
Environment=LOGGING="--log-level=info"
ExecStart=/usr/bin/podman $LOGGING system service

[Install]
WantedBy=multi-user.target
```

podman.socketで/run/podman/podman.sock[注7]での待ち受けを定義しています。systemdがこのソケットを待ち受けします。いずれかのプロセスが/run/podman/podman.sockを経由して通信しようとすると、systemdはそれを受信せずに、podman.serviceをactiveにして`ExecStart`で定義されたpodmanプログラムへソケットを引き継ぎます。

`lsof -p 1`のように実行して、systemdのファイルディスクリプタ一覧を見ると、systemdが多くのソケットを待ち受けしていることがわかります。`systemctl -t socket`の出力と比較すると、socket unitと対応する待ち受けが含まれていることがわかるでしょう。

シンプルなサーバのおさらい

UNIXのソケットは多くの通信プロトコルを統一されたインターフェースで提供しています。systemdのsocket unitはその中でサーバによく使われる一部を実装しています。

systemdのsocket unitの振る舞いを見る前にUNIXのシンプルなサーバをおさらいします（**図6.4**）。

まず、socketシステムコールでカーネル内にソケットを作成し、bindシステムコールでアドレスや名前と対応づけします。listenシステムコールで接続待ちを行い、acceptシステムコールによりクライアントと接続します。acceptがうまくいくと接続に対応する新しいソケットが作成され、これに対してsend、recv、closeなどのシステムコールで操作を行います。複数の接続を扱うには、acceptを複数回実行してそれぞれの接続とそれに対応したソケットを作成します。

注7　例にある %t については man page systemd.unit (5) を参照。

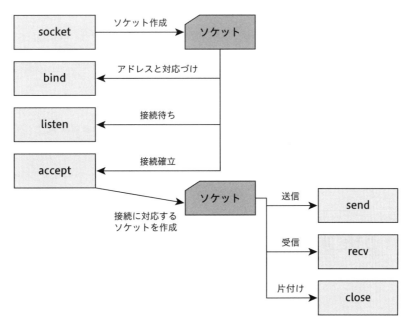

図6.4　シンプルなサーバのイメージ図

socket unit の定義

　systemdのsocket unitの定義では「どのプロトコルとアドレスで接続待ちをするか」だけを記述すれば良くなっています。podman APIの例（**リスト6.2**）では、ソケットの場所と属性を指定していました。TCP/IPの待ち受けであれば`ListenStream=9090`のように記述して、TCPのポート9090で接続待ちを行うことを指定します。扱うプロトコルにより、`ListenDatagram`や`ListenNetlink`のようにディレクティブ名が変わります。1つのsocket unitで複数の`Listen*`ディレクティブを記述できるほか、複数のsocket unitを1つのservice unitへ対応づけることができるので、複数のプロトコルを扱いポート番号が異なる場合や、localhost向けのソケットファイルと外部向けのTCP/IPのような組み合わせの場合にうまく扱えます。

　socketの準備や後処理でプログラムを実行する場合、service unitのように`ExecStartPre`などのディレクティブが使えますが、socket unitではサービス本体は提供しませんから`ExecStart`は使えません。

　接続があった場合に、systemdがacceptを実行するかしないかをディレクティブ`Accept`で選択します。デフォルトではacceptは行わず、listenまでを行い、接続があれば対応するservice unitを起動します。`Accept=yes`の場合は、systemdがacceptを行い、接続先に対応するservice unitをテンプレートから生成して起動します。

socket unit だけを enable して利用する使い方と、socket unit と対応する service unit の両方を enable する使い方があります。podman API の例（**リスト6.2**）では、podman.socket だけを enable にすると、systemd が指定された socket の作成・bind・listen を行い、通信を受け付けしだい service を起動します。podman.socket と podman.service の両方を enable にすると、先に podman.socket が active になるのは同じですが、実際の通信が来なくても podman.service を起動します。後者の場合、あまり意味はなさそうに見えますが、起動時に service 同士の待ち合わせが不要になる利点は引き続き有効です。service を enable する場合の利点は、最初のアクセス時の待ち時間が短くなることです。サービス起動の待ち時間が問題にならない場合は socket unit のみを enable します。

ソケットの引き渡し

systemd が待ち受けているソケットへの通信が来ると、対応する service unit を active にします（**図6.5**）。

service unit が active になって実際に通信をするまでの間、通信相手は単に待たされます。待ち時間は延びますが不整合は発生しません。`Accept=no`（デフォルト）であれば listen しているソケットを、`Accept=yes` であれば接続に対応したソケットを、`ExecStart` で実際に処理を行うプログラムへ引き継ぎます。ソケット引き継ぎには2つの方式があります。

1つはサーバ内で libsystemd の sd_listen_fds() 関数を利用する方式です。このしくみでは、systemd が service の `ExecStart` 実行時にファイルディスクリプタ3番以降へ socket を設定し、環境変数を設定して、どのファイルディスクリプタが socket であるかを `ExecStart` で起動されるプログラムへ伝えます。これはプログラムでの対応が必要です。引き継いだあとはそのファイルディスクリプタに accept などの処理をサーバ内で行います。socket activation を利用するほとんどのサービスはこちらの方式を実装しています。

もうひとつはサービスの標準入出力を socket と接続する方式です。`Accept=yes` と併用すると、inetd というシステムで以前から利用されてきた手順と同じになります。この場合は service 側で `StandardInput=socket` として指定します。実際の利用例としては sshd.socket と sshd@.service が挙げられます（**リスト6.3**）。

1. socket unit で待ち受け

2. 通信を着信して、service unit の ExecStart のため fork、環境準備でソケットを引き継ぐ

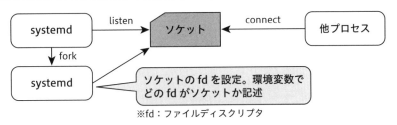

3. exec でプログラムが起動して実際の通信を開始する

▌図6.5　ソケットの引き渡し

▌リスト6.3　サービスの標準入出力をsocketと接続する例

```
# sshd.socket
[Unit]
Description=OpenSSH Server Socket
Documentation=man:sshd(8) man:sshd_config(5)
Conflicts=sshd.service

[Socket]
ListenStream=22
Accept=yes

[Install]
WantedBy=sockets.target
```

```
# sshd@.service
[Unit]
Description=OpenSSH per-connection server daemon
Documentation=man:sshd(8) man:sshd_config(5)
```

```
Wants=sshd-keygen.target
After=sshd-keygen.target

[Service]
EnvironmentFile=-/etc/sysconfig/sshd
ExecStart=-/usr/sbin/sshd -i $OPTIONS
StandardInput=socket
```

service が起動したあと

　socket unit は service が起動したあとも active のまま維持され、listen している状態も維持されます。Accept=yes の場合は、現在の service unit の状態によらず新しい接続を受け付けて service unit を起動します。

　ただし、同時に起動される service の数には上限があり、MaxConnections ディレクティブで設定できます。Accept=no の場合は、何らかの理由で service unit が inactive になったあとに接続が検出されると、再度 service を起動します。

generatorと
mount/
automount/
swap unit

7.1　generatorとそれにまつわるunit

　本章では、unit file を自動作成する generator と、mount、automount、swap unit を紹介していきます。関連する man pages は systemd.generator（7）、systemd.mount（5）、systemd.automount（5）、systemd.swap（5）、systemd-mount（1）です。

7.2　generator

　generator は unit file を自動で作成／操作するプログラム群で、今まで見てきた unit の操作が始まる前のタイミングで実行されます。

　generator による unit file の作成はさまざまな用途で活躍します。たとえば、デバイスをマウントするために利用する mount unit を systemd の unit file として定義することもできますが、/etc/fstab に記載されている設定を systemd-fstab-generator という generator が解釈して mount タイプや swap タイプの unit file を生成する利用方法が広く使われています（図7.1）。

　多くの場合には「今までどおりに設定すると、意図どおり動作する」ため、利用するときに generator のことは気にしていない方が多いかと思います。generator の基本的な動作を見たあと、generator が活躍するシーンを紹介します。

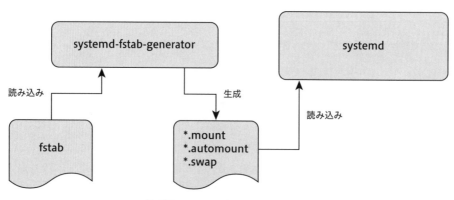

図7.1　systemd-fstab-generator

generator の実行

generatorを配置できるディレクトリはあらかじめ定義されています。

システム用generator

- /run/systemd/system-generators/*
- /etc/systemd/system-generators/*
- /usr/local/lib/systemd/system-generators/*
- /usr/lib/systemd/system-generators/*

ユーザー用generator

- /run/systemd/user-generators/*
- /etc/systemd/user-generators/*
- /usr/local/lib/systemd/user-generators/*
- /usr/lib/systemd/user-generators/*

これらのディレクトリに存在するプログラムをsystemdが自動的に実行します。generatorの実行タイミングはsystemdの起動直後で、unit fileの読み込みより前に実行を行います。システム起動後に`systemctl daemon-reload`を実行すると、generatorで作成されたunit fileは削除され、すべてのgeneratorを再度実行して再作成をしてsystemdがunit fileを読み直します。このしくみでシステム動作中の設定変更などをgeneratorによって作成されるunit fileへ反映します。たとえば、/etc/fstabを更新したあとには`systemctl daemon-reload`が必要です。

generator が作成する unit file の配置

第2章でも触れましたが、systemdのunit fileは複数のディレクトリに配置することができ、優先度も決まっています。`systemd-analyze unit-paths`コマンドは、unit fileを配置できるディレクトリを優先度が高い順に表示します（**図7.2**）。

▌ 図7.2　systemd-analyze unit-pathsコマンドの実行例

```
$ systemd-analyze unit-paths
/etc/systemd/system.control
/run/systemd/system.control
/run/systemd/transient          ←systemd-runなどで利用
/run/systemd/generator.early    ←generatorが利用。優先度高
```

```
/etc/systemd/system              ←管理者が設定
/etc/systemd/system.attached
/run/systemd/system
/run/systemd/system.attached
/run/systemd/generator           ←generatorが利用。優先度普通
/usr/local/lib/systemd/system
/usr/lib/systemd/system          ←ベンダー設定
/run/systemd/generator.late      ←generatorが利用。優先度低
```

　generatorのためには3つのディレクトリが定義されており、generatorで生成されるunit file について優先度の高低を使い分けられます。

　generatorは/run注1内のgenerator専用のディレクトリにunit fileやシンボリックリンクを作成します。管理者による設定（/etc/systemd以下）やベンダー注2による設定（/usr/lib/systemd 以下）には直接変更を行わず、生成されたunit fileは永続化されません。

　通常使われるのは/run/systemd/generatorディレクトリで、ベンダー設定より優先されますが、管理者による設定よりは優先度が下です。さらに優先度が高いディレクトリ（generator. early）と、低いディレクトリ（generator.late）が定義されています。図7.2を見ると、これらのディレクトリがunit fileの探索対象として含まれていることがわかります。

　generatorは早い時点で実行されるので、/、/usr、/sys、/proc、/dev、/runがマウントされている程度の、最低限の状態しか前提にできません。systemctlの呼び出し、ネットワーク通信、ほかのgeneratorの出力の利用などはできませんのでgeneratorを自作する場合には注意が必要です。

🔖 unit file の生成

　さて、generatorを使ってどのようなことができるのか、実例をもとに見ていきましょう。

　systemd-sysv-generatorは、/etc/rc.d/init.d/内にあるsysvinit注3形式のスクリプトを検出して、start、stop時にそれらを実行するservice unitを作成します。LSBヘッダ注4やランレベルを反映した依存関係をunit fileに含めて生成します。systemdでは、このしくみとserviceコマンドを中心としてLSBとの互換性を提供しています。

注1　tmpfs 上に作られ、再起動ごとに内容が失われます。
注2　ディストリビューションなどで提供されるものを systemd ではベンダーと呼びます。
注3　UNIX System V を発祥とする init の実装または類似した別実装。7 種類のランレベルを切り替え、サービスはあらかじめ管理者が決めた順序で逐次的に起動または終了します。
注4　Linux Standard Base で定義された sysvinit スクリプトのコメントとして依存関係を示すヘッダ。
　　　https://refspecs.linuxbase.org/LSB_3.1.1/LSB-Core-generic/LSB-Core-generic/initscrcomconv.html

▶ systemd-fstab-generator

systemd-fstab-generatorは、おそらく最もよく知られているgeneratorでしょう。デバイスとマウントポイント、ファイルシステムの種類、マウント時のオプションなどを記述した/etc/fstab（**リスト7.1**）を解析し、mount unitやswap unitを自動生成します。

▌ リスト7.1　/etc/fstabの例

```
/dev/mapper/rhel_rhel84-root           /      xfs    defaults   0 0
UUID=ca27dc5d-5da1-4083-ba4a-21715d83ae3e   /boot  xfs    defaults   0 0
/dev/mapper/rhel_rhel84-swap           none   swap   defaults   0 0
```

その後、起動処理の一部として、システムが各デバイスをディレクトリにマウントしていきます。fstabは4.0BSDに由来する長く使われてきたフォーマットです。このファイルからunit fileを生成することで管理者の学習コストを下げています。fstabの各行に対応したunit fileを生成するほか、実際に作成されたunit file群を見ると（**図7.3**）、target unitとの依存関係を表すシンボリックリンクも作成されていることがわかります。

▌ 図7.3　systemd-fstab-generatorの出力ファイル群の例

```
-.mount
boot.mount
dev-mapper-rhel_rhel84\\x2dswap.swap
local-fs.target.requires
local-fs.target.requires/-.mount -> ../-.mount
local-fs.target.requires/boot.mount -> ../boot.mount
swap.target.requires
swap.target.requires/dev-mapper-rhel_rhel84\\x2dswap.swap -> ⏎
../dev-mapper-rhel_rhel84\\x2dswap.swap
```

▰ ファイルやカーネルコマンドラインにより動作を変更

cloud-init-generatorは、cloud-init[注5]の動作有無を決めるためにgeneratorのしくみを利用しています。デフォルトではcloud-init.targetを有効にしますが、/etc/cloud/cloud-init.disabledファイルが存在するか、カーネルコマンドラインに`cloud-init=disabled`と指定されていると無効にします。

selinux-autorelabel-generatorは、SELinuxが一時的にdisableされて再度enforcingに変更されたなどの状況で、各ファイルに拡張属性を付与しなおすために利用されます。/.autorelabel

---

注5　設定を配布するサーバと通信し、ネットワークやブロックデバイスの初期化などを行うプログラム。

というファイルがあるか、カーネルコマンドラインに`autorelabel`というキーワードが指定されていると、あらかじめ用意されているselinux-autorelabel.targetへのシンボリックリンクgenerator.early/default.targetを生成して、システムの設定を置き換えます。最終的に呼び出される`selinux-autorelabel`コマンドは、SELinuxのラベル付けを完了したあと、/.autorelabelを削除して`systemctl --force reboot`を実行して自動的に再起動します。再起動後にはtmpfsに作成される/run上にあったgenerator.early/default.targetはなくなっていますし、/.autorelabelもありませんから、generatorが実行されてもunit fileが生成されずもとの設定に戻ります。

このようなgeneratorを作成することで「特定の条件を満たす場合だけシステムの動作を変える」という操作を簡単に実装できます。

■ 設定ファイルにより依存関係を追加

NFSはネットワーク経由でリモートシステムにローカルファイルシステムを提供するためのサーバ - クライアント形式のプロトコルです。サーバで/etc/exports（および/etc/exports.d）にディレクトリ名とアクセスを許可するホストやパラメータを設定して、NFSサーバがこの設定に従いサービスを提供します。NFSでアクセス可能にすることをNFS exportと言い、「/poolをexportする」のように言います。

典型的なケースでは、ローカルファイルシステムをすべてマウントしたあとで、NFS exportを行いますので、依存関係については単にlocal-fs.targetとnetwork.targetのあとでNFSサーバを起動すれば良いです。

ところが複雑なケースとして、自分でNFS exportしたディレクトリを自分自身でマウントするようなシステムや、iSCSIのようなプロトコルを利用するネットワーク接続ストレージを利用する場合が考えられます。この場合、NFSサーバの起動／終了と各マウントポイントの順序を適切に設定する必要があります[注6]。順序に問題があると、システム起動時にマウントに失敗する、シャットダウン時にすでに停止したNFSサーバの応答待ちのためにシャットダウンが終わらない、などの問題が発生します。

nfs-utilsで提供されるnfs-server-generatorは、このような場合に自動で依存関係を調整するためにgeneratorのしくみを利用しています。/etc/exportsと/etc/fstabを読み込み、NFSサーバを起動する前にexportされるパスを提供するブロックデバイスをマウントし、NFSサーバ起動後にfstabにnfsまたはnfs4と記述があるマウントを実行するように前後関係を含んだunit file nfs-server.service.d/order-with-mounts.confを生成します。

注6　注意：Red Hat Enterprise Linuxでは自分自身でexportしたNFSボリュームをマウントする構成はサポートされません。

kdumpはカーネルパニック発生時にあらかじめメモリ上に用意しておいた別のカーネルへ切り替えてメモリダンプを取得するしくみですが、ssh経由でほかのホストへダンプ出力を行う設定の場合に、network-online.targetへの依存関係を追加するためにgeneratorが利用されています。

7.3 mount unit

ここで紹介するmount、automount、swapの3タイプのunitは、ほかのunitと異なり、おもにfstabからsystemd-fstab-generatorによって生成される点が特徴的です。管理者がunit fileを書いて定義することもでき、fstabとunit fileを混在させた利用も行えます。

mount unitをactiveにすることで、ファイルシステムの`mount`を行い、inactiveにすることで`umount`を行います。前後関係や依存関係は通常のunitと同じように処理されますので、前述のNFSのように、サービスやネットワーク状態などに対応するunitと`mount`/`umount`の前後関係を扱えます。

mount unitはデバイスを`What`、マウントポイントを`Where`、ファイルシステムの種類を`Type`で指定します（**リスト7.2**、**図7.4**）。この`What`がブロックデバイスを指している場合は、udev（第9章）により検出／作成されるdeviceタイプのunitに対応します。

リスト7.2 fstabでの定義

```
/dev/mapper/rhel_rhel84-root  /   xfs   defaults   0 0
```

図7.4 リスト7.2のfstabから生成されたmount unit

```
$ systemctl cat -- -.mount
# /run/systemd/generator/-.mount
# Automatically generated by systemd-fstab-generator

[Unit]
SourcePath=/etc/fstab
Documentation=man:fstab(5) man:systemd-fstab-generator(8)
Before=local-fs.target

[Mount]
Where=/
What=/dev/mapper/rhel_rhel84-root
Type=xfs
```

　systemd-fstab-generatorで生成されたmount unitには、SourcePathディレクティブに基となったfstabが記載され、Documentationディレクティブに関連するman pagesが記載されています。

　mount unitと関連するtarget unitとして、local-fs.targetとremote-fs.targetがあらかじめ用意されています。システムの起動中に行われるネットワーク接続が不要なマウント[注7]が完了するとlocal-fs.targetがactiveになり、ネットワーク接続が必要なNFSなどのマウントが完了するとremote-fs.targetがactiveになります。もしfstabでnoautoの指定がされていれば、これらのtarget unitからのWantsにはmount unitが登録されず、起動時にはマウントが行われません。この場合はmount unitの生成だけが行われます。このmount unitは後述のautomount unitや、systemdのほかのunitからの依存関係、systemctlコマンドなどでactiveにするときに実際のマウント処理を行います。

　mount unitではWhereディレクティブで指定されたディレクトリ階層から、systemdが自動的にmount unit間の依存関係を生成して、起動時のマウント、シャットダウン時のアンマウントを順序づけします。

　mount unitは前述のようにunit fileから定義されるほかに、mountコマンドで直接マウントした場合にも、systemd-udevdが自動的に検出して対応するmount unitを作成します。この場合にはunit fileは作成されず、systemdがメモリ内でunitとして管理します。

　mount unitでもほかのunitと同じようにBefore、After、Requireなどの指定ができます。これらをfstab内で記述するために、通常はマウントオプションなどを記述する4番めのフィールドに、unitとの前後関係などを記述するx-systemd.after=などの指定が拡張されています。未フォーマット時のmkfs起動（x-systemd.makefs）や、ブロックデバイスが拡張されている場合のgrowfs起動（x-systemd.growfs）といった機能も追加されています。

7.4　automount unit

　automount unitは単体では利用できずmount unitとセットで定義します。マウントポイントへのアクセスを契機としてmount unitを自動的にactiveにするunitです。fstabの4番めのフィールドでx-systemd.automountを指定するとmount unitとセットで生成されます（**リスト7.3**）。

注7　fstab 内で _netdev が指定されていないもの。

▌リスト7.3 fstab内でのautomount指定例

```
nfsserv.example.com:/contents  /contents   nfs  ⤸
noauto,x-systemd.automount,x-systemd.idle-timeout=1500,_netdev,noatime   0 0
```

典型的には同時にnoauto指定が行われて、起動時の自動的なマウントはされません。

automount unitとmount unitの関係は第6章で紹介したsocket unitとservice unitの関係に似ていますが、automount unitでは利用ケースが限定されているかわりに、アイドル時の自動アンマウントの指定もできます。

7.5 swap unit

カーネルがメモリ回収を行うときに、最近使われていないページはファイルやブロックデバイス上に永続化されたのちほかの用途へ使われます。メモリのうち、ファイルやブロックデバイスにあらかじめ対応づけられていないanonymous pageを一時的に保持するのがswap領域です。典型的にはローカルのブロックデバイスか、ローカルファイルシステム上のファイルが利用されます。メディア挿抜などの操作やautomountがあり得るmountとは違い、通常はシステム起動時に有効化され、システム終了時に無効化するだけのシンプルな利用が行われます。

swap unitもmountと同様にfstabから生成されます（リスト7.4、7.5）。

▌リスト7.4 fstabでのswap領域の定義

```
/dev/mapper/rhel_rhel84-swap  none   swap   defaults   0 0
```

▌リスト7.5 リスト7.4のfstabから生成されたswap unit

```
# /run/systemd/generator/dev-mapper-rhel_rhel84-swap.swap

(..略..)
[Unit]
SourcePath=/etc/fstab
Documentation=man:fstab(5) man:systemd-fstab-generator(8)

[Swap]
What=/dev/mapper/rhel_rhel84-swap
```

swap unit では他unitとの依存関係は定義できず、自動で有効にするかどうか（auto、noauto）、有効化に失敗したときに失敗とするか（nofail）などを選べますが、mount unitと比較するとオプションは少なくなっています。

7.6　systemd-mount コマンド

今まで見てきたように、fstabではx-systemd.*などのオプションが拡張され便利に利用できますが、ダウンロードしたISOイメージをマウントする場合や仮想マシンのトラブルシュートなど、fstabに定義せずに一時的にマウントしたいシーンもあります。

管理者が実行するmountコマンドはutil-linuxに含まれるコマンドで、systemdの拡張に対応していません。mount unitで見たとおり自動検出のしくみがありますので、通常のmountコマンドでカバーできる範囲であれば従来どおりに利用して問題ありません。

fstabやunit fileを書かずにコマンドでマウント操作をするときに、automountのようなsystemdで拡張された機能を利用したいケースはどうするのがいいでしょう。service unitに対するsystemd-runコマンドのように、systemd-mountコマンドが用意されています。systemd-mountコマンドのman pageには、具体的な利用シーンの例として、udev（第9章）のルールを作成して接続されたすべてのUSBストレージを自動的にマウントする例（リスト7.6）が記載されています。

▌ リスト7.6　udevでの利用例

```
ACTION=="add", SUBSYSTEMS=="usb", SUBSYSTEM=="block", 
ENV{ID_FS_USAGE}=="filesystem", \
RUN{program}+="/usr/bin/systemd-mount --no-block --automount=yes --collect $devnode"
```

筆者が個人的に気に入っている機能に、systemd-mount --listと実行することで、マウントできるブロックデバイスやメタデータを表示する機能があります（図7.5）。

▌ 図7.5　systemd-mount --listの実行例

```
$ systemd-mount --list
NODE       PATH          MODEL WWN TYPE LABEL UUID
/dev/dm-0  n/a           n/a   n/a xfs  n/a   76b720a0-2346-490e-9139-57746d4706a6
/dev/vda1  pci-0000:04:00.0 n/a n/a xfs  n/a   ca27dc5d-5da1-4083-ba4a-21715d83ae3e
```

これから操作するブロックデバイスの諸元を確認したいときに便利に使えます。

control group、
slice unit、
scope unit

8.1　systemdとcontrol group

　systemdと、Linuxカーネルのcontrol group（cgroup）は深い関係にあります。systemdが cgroupを活用しているだけでなく、systemdはシステム全体のcgroupを管理する機能を持っており、独自にcgroupを活用したいアプリケーションのためにAPIを提供しています。

　関連するman pagesは、systemd.slice（5）、systemd.scope（5）、systemd.resource-control（5）、systemd-cgls（1）、systemd-cgtop（1）です。

8.2　control groupとは

　以前の章でもすでに何回かcgroupの名前は登場していますが、cgroupとはLinuxのリソース管理機能の1つです。任意のプロセス群をグループ化して名前を付け、グループごとにCPU、I/O、メモリなどのリソース割り当てについて、上限の設定や重みづけによる優先度設定、アクセス可否などを指定できます。

　cgroup V1はリソースごとに独立したツリーを作成してグループを作成／管理していました。しかし、メモリとI/Oのように、表面的には別のリソースでもカーネル内での実装では互いに深く関連するリソースがあるため、cgroup V2では1つのツリーの中で各リソースを管理するようデザインが変更されました。本書ではとくに断らない場合、cgroup V2を前提として記述します。

　cgroupの管理用インターフェースはファイルシステムとして、/sys/fs/cgroupディレクトリにマウントされています。図8.1では、system.sliceやchronyd.serviceといったディレクトリがグループで、この中のcgroup.controllersやcpu.pressureなどのファイルがcgroupや各リソースについての設定や現在の状態に対応します。

▌ 図8.1　cgroupに対応するディレクトリの例

```
$ ls /sys/fs/cgroup/system.slice/chronyd.service/
cgroup.controllers        cpu.pressure          memory.oom.group
cgroup.events             cpu.stat              memory.pressure
cgroup.freeze             io.pressure           memory.stat
cgroup.kill               memory.current        memory.swap.current
cgroup.max.depth          memory.events         memory.swap.events
cgroup.max.descendants    memory.events.local   memory.swap.high
cgroup.procs              memory.high           memory.swap.max
```

```
cgroup.stat              memory.low            pids.current
cgroup.subtree_control   memory.max            pids.events
cgroup.threads           memory.min            pids.max
cgroup.type              memory.numa_stat
```

8.3 cgroup V2 の有効化

　FedoraやDebian、Ubuntuなど多くのディストリビューションではすでにcgroup V2がデフォルトとなっています。保守的なポリシーでメンテナンスされるRHEL 8ではcgroup V1がデフォルトですが、RHEL 8.2以降ではcgroup V2もサポートされています。cgroup V1の制限による既知の問題もあるため、筆者はcgroup V2の利用を勧めます。**図8.2**のコマンドを実行してから再起動すると、RHEL 8でcgroup V2を利用できます。RHEL 9ではcgroup V2がデフォルトで利用されます。

▌ 図8.2　RHEL 8でcgroup V2を有効化する

```
# grubby --update-kernel=/boot/vmlinuz-$(uname -r) ⏎
--args="systemd.unified_cgroup_hierarchy=1"
```

8.4 unit と cgroup の対応関係

　これまで見てきたように、systemdはおもにunitを操作することでシステムを管理します。systemdがcgroupを管理するにあたって、cgroupの各グループ（以下、単に「グループ」と表記します）はsystemdのunitと同じ名前が付与され、unitの属性としてcgroupのパラメータを設定します（後述する`Delegate`は例外です）。そのため、基本的なツリー構造を把握しておけば、systemdによるcgroupの管理はunit管理の延長としてわかりやすいものになっています。

　第4章で触れたように、serviceやmountタイプのようなプログラムを実行するunitでは、systemdがプログラムを実行するための環境を用意します。その中でグループの作成や設定も行います。

- 各unitに専用のグループを作成する。
- unitで定義したリソース制限などをグループに反映する。
- cgroupはグループに所属するプロセスからfork()したプロセスも同じグループに所属させるので、プロセスがどのunitに由来するか追跡できる。

たとえば、service unitの中で複数のプロセスが動作している場合に（KillModeディレクティブで設定がされていなければ）、systemctl kill foobar.serviceのように実行すると、関連する全プロセスにシグナルを送信できます。これはcgroupによりプロセスが管理されているため実現できています。

systemctl statusの出力（図8.3）を見ると、「CGroup:」で始まる行があり、対応するグループと中に含まれるプロセスがわかります。

▎図8.3　systemctl statusの実行例

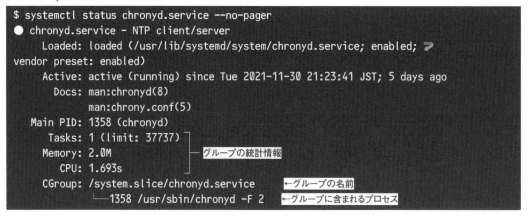

「Tasks:」「Memory:」「CPU:」の統計情報もcgroupにより集計されています。

8.5　slice unit

図8.1、8.3の例に出ている"/system.slice/chronyd.service"のsystem.sliceとは何でしょうか？これはcgroupでのグループ化とリソース管理のためだけに利用されるunitです。slice unitはグループの階層を作るだけで、直接プログラムの実行などはしません。

systemd環境では、cgroup全体のルートにあたる-.slice、システムサービスに対応するsystem.slice、ユーザーセッションに対応するuser.slice、仮想マシンやコンテナに対応するmachine.slice

が予約されており、グループ化に使われます（**図8.4**）。

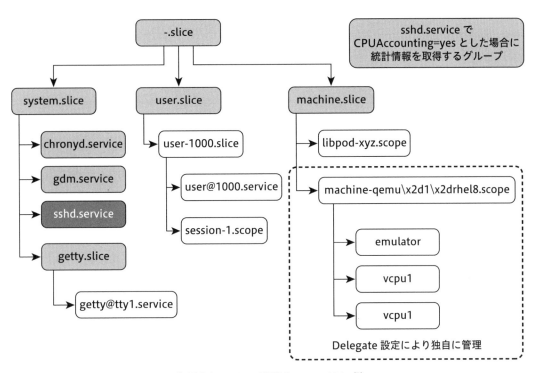

図8.4　systemd環境のcgroupツリー例

　通常のserviceやmountはsystem.slice以下に、chronyd.serviceのようにservice unitの名前
そのままのグループが作成されます。getty@.serviceのようなテンプレート化されたサービスは
system.slice/getty.slice/getty@tty1.serviceのように、テンプレート名から作られたslice（getty.
slice）の下に、作成されたservice unitに対応したグループ（getty@tty1.service）が作成されま
す。

　ユーザーのログインを契機として、user.slice以下にuser-UID.sliceが作成され、その中で各
ユーザーに対応するsystemd（第4章のコラム「ユーザーセッション用systemd」を参照）が
user@UID.serviceとして実行されます。ログインセッションで作られるプロセスはsession-セッ
ションID.scope以下に含まれます（scope unitについては後述）。GNOMEデスクトップ環境で
はuser.slice/user-UID.slice/app.slice/が作られ、ランチャーなどからのアプリケーション起動時
にapp.slice以下に各アプリケーションのunitが作成されます。

　このようなグループ化があらかじめ行われているので、「監視用エージェントfoobar.serviceは
利用CPUの上限を20％とする」「対話ユーザーにはそれぞれ最低200MBのメモリを割り当てる」

「仮想マシンの実行にシステム全体の90％のCPUを割り当てる」というような設定が行いやすくなっています。

8.6 scope unit

グループ管理用に、scopeタイプのunitがあります。これは複数プロセスをまとめてunitとして扱うという視点ではserviceに近いものですが、serviceが扱うプロセスはsystemdが新規にfork()して作成する（またはその子プロセスである）のに対して、scopeではsystemd以外のプログラムからfork()して作成するプロセスをunitとして扱う点が大きく異なります。systemd以外からfork()したいときとは、どんなときでしょうか。いくつか例を見てみましょう。

scope unitの利用例としてsshで外部から接続する場合を考えます。systemdではなくsshdから、その接続用のsshdプロセスが作成されます。sshdは接続元の環境変数を設定に従って引き継ぎ、認証結果によりUIDを決め、仮想端末をセットアップし、bashなどの対話シェルのプロセスを起動します。systemdはこれらをあらかじめ知ってセットアップすることはできません。このようなケースがscope unitの出番です。認証時に使われるpam_systemd[注1]が作成するscopeにsshdプロセスを登録し、さらにその子プロセスとしてbashなどが実行されて同じscopeに含まれます（図8.5）。

▌ 図8.5 sshdにより作成されたセッションに対応するscope例

```
$ systemctl status session-1.scope
● session-1.scope - Session 1 of User kmoriwak
     Loaded: loaded (/run/systemd/transient/session-1.scope; transient)
  Transient: yes
     Active: active (running) since Fri 2021-12-10 03:32:51 EST; 1h 28min ago
      Tasks: 5
     Memory: 12.0M
        CPU: 2.287s
     CGroup: /user.slice/user-1000.slice/session-1.scope
             ├─3258 sshd: kmoriwak [priv]
             ├─3281 sshd: kmoriwak@pts/0
             ├─3282 -bash
             ├─6153 systemctl status session-1.scope
             └─6154 less
```

注1 PAMとはPluggable Authentication Modulesの略。PAMは認証の手順やポリシーをカスタマイズ可能なしくみで取り扱うライブラリ。pam_systemdは、systemdの一部として提供されるPAMのモジュールで、/run/user/UIDの作成、（もしなければ）セッションIDの作成、セッションに対応するscopeの作成、一部環境変数設定などを行います。第12章も参照。

　GNOMEデスクトップ環境やコンソールからのログインでも、同じようにscopeが利用されます。

　仮想マシンの場合、libvirtd[注2]がどのスレッドがどの論理CPUで動作するべきか、ネットワークI/Oをどのデバイスとどうやって接続するか、メモリをどのようなポリシーで割り当てるか、ストレージをどうセットアップするか、などを仮想マシンの設定ファイルから決めて実行環境を用意してからqemu[注3]などを実行します。そのため、やはりsystemdでは環境を準備できません。この場合にもscopeを利用します。

　systemdの視点では、scopeについてsystemdはcgroup以外の環境設定を行いません。そのため、設定できる項目も、全unitで利用できる `Description` や依存関係などを除くと、cgroupによるリソース管理と、unit終了に関連するものに限られます。

8.7 関連ディレクティブ

　グループの設定はunitにディレクティブで記述することで行います。cgroupが多数の機能を提供しているので、それに対応してディレクティブも多数あります（**表8.1**）。

表8.1　cgroup関連のディレクティブ例

ディレクティブ	概要
CPUWeight	unitのCPU割り当ての重みづけを設定する。デフォルトでは100。
IOWeight	block I/O帯域割り当ての重みづけを設定する。デフォルトでは100。
MemoryMin	unitに最低減割り当て可能なメモリ量を設定する。全体がSwapされないための対策になる。
MemorySwapMax	unitに割り当てるメモリ＋Swap量の上限を設定する。メモリリークなどで他unitへ影響を与える前に停止するための対策になる。

　これらのディレクティブは各unitタイプ名に対応するセクション（たとえば、service unitでは［Service］）に記述します。設定可能なディレクティブのリストはman pageのsystemd.resource-control（5）をご確認ください。

　これらのディレクティブを利用するときには、対応するリソース利用の統計情報を記録（アカウンティング）する必要があり、とくに指定しなくても暗黙的に有効化されます。明示的に `CPUAccounting=yes`、`MemoryAccounting=yes` などを指定して統計情報収集を有効にすることもできます。この指定により、cgroupの「コントローラ」が有効にされます。同じ親グループ以下に

注2　XenやKVM、LXCなど仮想マシンやコンテナを管理するためのライブラリlibvirtで利用されるサービス。
注3　PCのエミュレータ。仮想的なハードウェアを提供するほか、仮想マシンの低レベルな管理機能を提供します。

あるすべてのグループでアカウンティングが行われ、さらに親グループでも行われます。これは-.sliceまで再帰的に行われます^{注4}。図8.4に、sshd.serviceで`CPUAccounting=yes`を指定した場合に統計情報の取得が行われるグループを図示しています。すべてのunitでアカウンティングを行う場合、/etc/systemd/system.confで`DefaultCPUAccounting`などの設定を行います。

スレッドごとにCPU割り当てやI/O利用量を指定したいなど、グループの作成や制御をsystemdのunit単位にせず独自に行いたい場合もあります。systemdのserviceまたはscope unitに、`Delegate=yes`と指定すると、そのunit以下のサブグループの作成や設定について、独自に管理できるようになります。libvirtが管理する仮想マシンに対応するscopeでは、`Delegate=yes`が指定されていて、各vCPUやエミュレータのグループが作成されていることがわかります。

8.8 cgroup管理用のツール

systemd-cgtop コマンド

`systemd-cgtop`コマンドで、リソース使用量が多いグループを一覧できます（図8.6）。

図8.6 systemd-cgtopの実行例

```
# systemd-cgtop
Control Group                             Tasks   %CPU   Memory  Input/s Output/s
/                                          349     6.0     4.4G      -       -
system.slice                                95     2.9     1.0G      -       -
system.slice/NetworkManager.service          3     1.8     8.7M      -       -
machine.slice                                7     1.7     2.7G      -       -
machine.slic...-qemu\x2d1\x2drhel8.scope     7     1.7     2.7G      -       -
machine.slic...x2d1\x2drhel8.scope/vcpu1     -     1.1       -       -       -
user.slice                                   9     0.6    34.3M      -       -
user.slice/user-1000.slice                   9     0.6    34.2M      -       -
user.slice/u...000.slice/session-1.scope     7     0.6    23.3M      -       -
machine.slic...x2d1\x2drhel8.scope/vcpu0     -     0.5       -       -       -
system.slice/dbus-broker.service             2     0.5     4.3M      -       -
system.slice/wpa_supplicant.service          1     0.4     4.2M      -       -
system.slice/systemd-oomd.service            1     0.1     2.0M      -       -
(..略..)
```

注4　この動作はcgroup V2のコントローラの有効化に由来します。詳しくはLinuxカーネルのドキュメント内「Enabling Disabling」に記載があります。
https://www.kernel.org/doc/html/latest/admin-guide/cgroup-v2.html#enabling-and-disabling

CPUと、デフォルトで有効なTasks以外の統計情報の出力には（明示的もしくは暗黙的な）アカウンティングの有効化が必要です。

systemd-cgls コマンド

systemd-cglsコマンドでツリー状にグループと所属するプロセスを一覧できます（**図8.7**）。プロセスが期待したグループに所属していない場合などの調査に便利です。

図8.7 systemd-cglsの実行例

```
# systemd-cgls
Control group /:
-.slice
 ├─user.slice
 │ └─user-1000.slice
 │   ├─user@1000.service …
 │   │ └─init.scope
 │   │   ├─3270 /usr/lib/systemd/systemd --user
 │   │   └─3272 (sd-pam)
 │   └─session-1.scope
 │     ├─ 3258 sshd: kmoriwak [priv]
 │     ├─ 3281 sshd: kmoriwak@pts/0
 │     ├─ 3282 -bash
 │     ├─11981 systemd-cgls
 │     └─11982 less
 ├─init.scope
 │ └─1 /usr/lib/systemd/systemd rhgb --switched-root --system --deserialize 31
 ├─system.slice
 │ ├─systemd-udevd.service
 │ │ └─753 /usr/lib/systemd/systemd-udevd
 │ ├─dbus-broker.service
 │ │ ├─ 997 /usr/bin/dbus-broker-launch --scope system --audit
 │ │ └─1002 dbus-broker --log 4 --controller 9 --machine-id 841c2b48015b4aee8bd7
54d353110787 --max-bytes 536870912 --max-fd>
 │ ├─polkit.service
 │ │ └─1008 /usr/lib/polkit-1/polkitd --no-debug
 │ ├─chronyd.service
(..略..)
```

8.9　UResourced

UResourced[注5]は、systemd の cgroup 機能を利用してデスクトップ利用時の体験を改善するサービスです。UResourced は各ユーザーに対応する user-UID.slice やブラウザなどに、次のようなドロップイン（unit file の部分的な追加定義）を追加します。

- user-UID.slice.d/50-CPUWeight.conf
- user-UID.slice.d/50-IOWeight.conf
- user-UID.slice.d/50-MemoryLow.conf
- user-UID.slice.d/50-MemoryMin.conf
- user@.service.d/00-uresourced.conf

アクティブな GNOME セッションを検出すると、UResourced は CPU（および I/O）について該当するユーザーには `CPUWeight=500`、該当しないユーザーには `CPUWeight=100` のような設定を行います。`Weight` の比率により、対話的に利用しているユーザーへ優先的に CPU や I/O リソースが割り当てられます。メモリについてはユーザーごとに最低限確保する容量（デフォルトでは 250MB）を設定し、ほかのユーザーやバックグラウンドで動作するサービスによる影響を小さくします。

注5　https://gitlab.freedesktop.org/benzea/uresourced

udev、
device unit

9.1 udevとは

　udevはダイナミックなデバイス挿抜や状態変更などのイベントを処理して、デバイスの属性と独自形式のルールにより関連ファイルの作成／削除、ネットワークインターフェースの名前変更、コマンド実行、デバイスへのタグの付与などを行うしくみです。すでに検出したデバイス情報のデータベースとしても利用されます。実装はsystemd-udevd（以下、udevd）というデーモンです。

　udevはsystemdプロジェクトの前からあるソフトウェアですが、現在はsystemdプロジェクトに統合されています。

　関連する man pages は、udev（7）、udevadm（8）、systemd.device（5）、hwdb（7）、systemd.link（5）です。

9.2 udevでのデバイス

　`udevadm info デバイス名`コマンドで、udevで管理されているデバイスの情報を見ることができます。図9.1では例として、/dev/sdaを表示しています。先頭にあるアルファベットがレコードの種類を示しています。

　表9.1に一部のプレフィックスについて意味を書いています。これらの情報にはカーネルのデバイスドライバに由来するものもありますし、後述するルールやhwdbに基づいてudevdが処理を行った結果として変更／追加されたものもあります。

▌ 図9.1 udevの持つデバイス情報例

```
# udevadm info /dev/sda
P: /devices/pci0000:00/0000:00:08.2/0000:05:00.0/ata1/host0/target0:0:0/0:0:0:0/➘
block/sda
M: sda
U: block
T: disk
D: b 8:0
N: sda
L: 0
S: disk/by-id/ata-SPCC_Solid_State_Disk_30086267805
S: disk/by-id/wwn-0x5000000000002b6f
S: disk/by-path/pci-0000:05:00.0-ata-1.0
S: disk/by-path/pci-0000:05:00.0-ata-1
S: disk/by-diskseq/1
Q: 1
E: DEVPATH=/devices/pci0000:00/0000:00:08.2/0000:05:00.0/ata1/host0/➘
target0:0:0/0:0:0:0/block/sda
E: DEVNAME=/dev/sda
E: DEVTYPE=disk
E: DISKSEQ=1
E: MAJOR=8
E: MINOR=0
E: SUBSYSTEM=block
(..略..)
E: ID_PATH_ATA_COMPAT=pci-0000:05:00.0-ata-1
E: ID_PART_TABLE_UUID=a192dcd0-419c-42a5-80e4-f9f678df69f6
E: ID_PART_TABLE_TYPE=gpt
E: DEVLINKS=/dev/disk/by-id/ata-SPCC_Solid_State_Disk_30086267805 /dev/disk/by-id/➘
wwn-0x5000000000002b6f /dev/disk/by-path/pci-0000:05:00.0-ata-1.0 /dev/disk/by-path/➘
pci-0000:05:00.0-ata-1 /dev/disk/by-diskseq/1
E: TAGS=:systemd:
E: CURRENT_TAGS=:systemd:
```

▌ 表9.1 udevadm infoのプレフィックス説明 (一部)

プレフィックス	説明
P:	/sys 以下のパス
M:	/sys 以下のパスの最後の部分。デバイス名
U:	カーネルのサブシステム名
T:	カーネルのサブシステム内のタイプ
D:	(/devの下に作成される) デバイスノードのメジャー番号、マイナー番号
N:	デバイスノードの名前
S:	デバイスノードのシンボリックリンク
E:	デバイスの属性

9

9.3 なぜudevが必要なのか？

　udevが必要な一番の理由は、デバイス自身の属性情報だけではどのようにデバイスを扱うべきか一意に決められない場合が多くあるためです。たとえば、USBメモリを接続したときに自動でマウントしたい環境もあれば、接続を拒否してインシデントレポートを送りたい環境もあります。デバイスを利用する場合であっても、利用できるべきユーザーやグループはシステムにより異なります。Linuxカーネル内のデバイスドライバの一部としてこれらの対応を行うのではなく、運用管理者やツールが後述するudevのルールやhwdbを経由して設定を行えるようになっています。

　もう1つの大きな理由として、Linuxカーネルによるデバイス命名はデバイスの検出順序に依存していることがあります。たとえば、多くのEthernetデバイスはLinuxカーネル内で「eth数字」のように命名されます（たとえば、eth0やeth1）が、各ネットワークインターフェースの検出は並行して行われ、数字は検出された順に付与されます。このため、システムの起動ごとや、USB接続の挿抜などによりデバイスの名前が一定しない問題が発生します。多くの場合に同じデバイスには同じ名前を付与したいので、udevにはデバイスのシリアル番号やMACアドレスなどの情報を利用してデバイスを識別し、あらかじめ定義した名前や機械的に生成した名前に変更する機能があります。

　最後に、ハードウェア情報を集約するデータベースが必要です。libudevを利用すると、アプリケーションプログラムがudevを参照してデバイスのさまざまな属性を取得したり、イベントを待ち受けたりできます。

9.4 ハードウェアイベント発生から device unit作成まで

　ハードウェアイベント発生からdevice unit作成までのおおまかな流れを見てみましょう（図9.2）[注1]。

注1　以下の説明の丸数字①〜⑤は図9.2内の丸数字と対応しています。

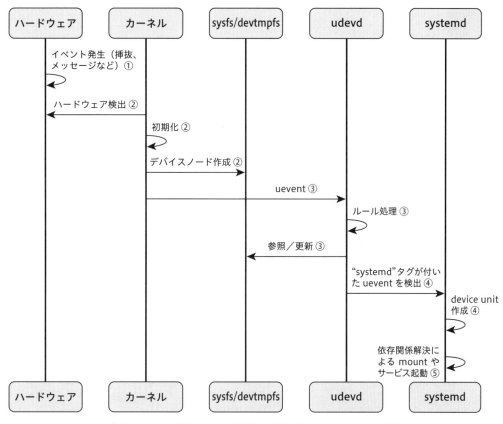

■ 図9.2　ハードウェアイベント発生からdevice unit作成までの概要

　①ハードウェアを接続します。②カーネルのデバイスドライバは割り込みやメッセージ受信、ポーリングなどデバイスごとの方法でハードウェアを検出して、デバイスに対応するkobject[注2]を初期化します。sysfs[注3]およびdevtmpfs[注4]にデバイスノード[注5]を作成して、uevent（後述）を送信します。③udevdはueventを受信してルール処理を行います。ルールに従ってカーネルモジュールを読み込んだり、デバイスノードへのシンボリックリンクを作成したり、コマンド実行も行います。④udevdがデバイスに"systemd"タグを付与していると、systemdではそれを検出して対応するdevice unitを作成します。udevのルール内でSYSTEMD_WANTSなどの環境変数を通じて依存関係を挿入することもできます。⑤systemdのdevice unitが追加されて依存関係が追加された場合や、依存関係が解決した場合にその処理を行います。

注2　カーネル内でデバイスを扱うためのデータ構造の名前。
注3　カーネル内のデバイス情報や機能へのインターフェースとして用意されているファイルシステム。通常 /sys にマウントされます。
注4　デバイスノードを保持するファイルシステム。カーネルと udev が管理します。通常 /dev にマウントされます。
注5　デバイスに対応する特殊なファイル。属性としてデバイスのメジャー番号、マイナー番号と種類を持ちます。

<table>
<tr><td>
9.5
</td><td>
uevent
</td></tr>
</table>

ueventはデバイスの追加／削除／変更のタイミングでデバイスの属性と変化を伝えるしくみです。カーネルとudev間でやりとりされるほか、libudevを利用するソフトウェアでも利用されます。ueventはホスト内でのマルチキャスト通信として動作しますので、カーネルとudev以外のプログラムも同時に受信することができ、前節④でsystemdもこのしくみを利用しています。

管理用コマンドのudevadmコマンドにより、やりとりの内容を見ることができます（**図9.3**）。

▌ 図9.3　無線マウスの電源スイッチをoffにしたときのuevent例

```
# udevadm monitor -p
monitor will print the received events for:
UDEV - the event which udev sends out after rule processing
KERNEL - the kernel uevent

KERNEL[322363.182300] change   /devices/pci0000:00/0000:00:08.1/0000:04:00.4/usb3/
3-1/3-1.4/3-1.4.3/3-1.4.3:1.2/0003:046D:C52B.000A/0003:046D:101A.000B/power_supply/
hidpp_battery_0 (power_supply)
ACTION=change
DEVPATH=/devices/pci0000:00/0000:00:08.1/0000:04:00.4/usb3/3-1/3-1.4/3-1.4.3/
3-1.4.3:1.2/0003:046D:C52B.000A/0003:046D:101A.000B/power_supply/hidpp_battery_0
SUBSYSTEM=power_supply
POWER_SUPPLY_NAME=hidpp_battery_0
POWER_SUPPLY_TYPE=Battery
POWER_SUPPLY_ONLINE=0
POWER_SUPPLY_STATUS=Unknown
POWER_SUPPLY_SCOPE=Device
POWER_SUPPLY_MODEL_NAME=Performance MX
POWER_SUPPLY_MANUFACTURER=Logitech
POWER_SUPPLY_SERIAL_NUMBER=101a-ae-46-8c-f1
POWER_SUPPLY_CAPACITY_LEVEL=Unknown
SEQNUM=7976

UDEV  [322363.186040] change   /devices/pci0000:00/0000:00:08.1/0000:04:00.4/usb3/
3-1/3-1.4/3-1.4.3/3-1.4.3:1.2/0003:046D:C52B.000A/0003:046D:101A.000B/power_supply/
hidpp_battery_0 (power_supply)
ACTION=change
DEVPATH=/devices/pci0000:00/0000:00:08.1/0000:04:00.4/usb3/3-1/3-1.4/3-1.4.3/
3-1.4.3:1.2/0003:046D:C52B.000A/0003:046D:101A.000B/power_supply/hidpp_battery_0
SUBSYSTEM=power_supply
POWER_SUPPLY_NAME=hidpp_battery_0
POWER_SUPPLY_TYPE=Battery
```

```
POWER_SUPPLY_ONLINE=0
POWER_SUPPLY_STATUS=Unknown
POWER_SUPPLY_SCOPE=Device
POWER_SUPPLY_MODEL_NAME=Performance MX
POWER_SUPPLY_MANUFACTURER=Logitech
POWER_SUPPLY_SERIAL_NUMBER=101a-ae-46-8c-f1
POWER_SUPPLY_CAPACITY_LEVEL=Unknown
SEQNUM=7976
USEC_INITIALIZED=322363185941
```

図9.3の「ACTION=」行がイベントの種類（add、change、removeなど）、「DEVPATH=」行が/sys/以下のデバイスに対応するパス、そのほかにもデバイスに対応する属性が多数記述されていることがわかります。似たようなueventが2回表示されていますが、1回目はカーネルから送られたueventで、2回目はルール処理後にudevdから送られたものです。udevdから送られたものには「USEC_INITIALIZED=」行が追加されていることがわかります。

　ルールやデバイスによっては、大量のueventが発生します。たとえば、USBメモリを挿入すると、USBハブへの変更、USBメモリの検出、SCSIデバイスとしての初期化など多数のイベントが発生する様子を観察できます。

9.6 ルールファイル

　udevは、カーネルのueventを受け取ると「ルールファイル」と呼ばれる独自の書式で作られたルールに従って処理を行います。ルールファイルで典型的に行われる処理としては、デバイスノードの名前やアクセス権限を指定したり、ノードを指すシンボリックリンクを追加したり、イベント処理の一部として指定されたプログラムを実行したり、タグを付けたりといった操作が行われます。udevにはいくつかのプログラムが添付および内蔵されていて、デバイスの属性やIDを収集して情報を付与することも行います。

　ルールファイルは優先順位が高い順に、

- /etc/udev/rules.d/
- /run/udev/rules.d/
- /usr/local/lib/udev/rules.d/
- /lib/udev/rules.d/

に配置され、拡張子は.rulesです。

　すべてのルールファイルはsystemdのunit fileと同様に、これらのディレクトリのどれにあるかに関係なく、辞書順で処理されます。ルールファイルには一意の名前を付ける必要があり、重複するファイル名があると優先順位が高いものだけが利用されます。パッケージで提供されるルールを編集する場合は/etc/udev/rules.d/にコピーして編集します。

　ルールファイルにはパターンマッチとその結果行う操作を記述します。**リスト9.1**にudevルールの例をいくつか記述しています。

▎ **リスト9.1　udevルールの例**

```
#(1)デバイスの属性を設定する
ACTION=="add", SUBSYSTEM=="module", KERNEL=="block", ATTR{parameters/⮐
events_dfl_poll_msecs}=="0",
  ATTR{parameters/events_dfl_poll_msecs}="2000"

#(2)ほかのデバイスにueventを発生させる
ACTION=="change", SUBSYSTEM=="scsi", ENV{DEVTYPE}=="scsi_device", TEST=="block", ⮐
ATTR{block/*/uevent}="change"

#(3)パーティション検出のためにinofityで監視する
ACTION!="remove", SUBSYSTEM=="block",
  KERNEL=="loop*|mmcblk*[0-9]|msblk*[0-9]|mspblk*[0-9]|nvme*|sd*|vd*|xvd*|bcache*|⮐
cciss*|dasd*|ubd*|ubi*|scm*|pmem*|nbd*|zd*",
  OPTIONS+="watch"

#(4)ブロックデバイスにはsystemdタグを付ける
SUBSYSTEM=="block", TAG+="systemd"

#(5)デバイスが存在する場合に対応するサービスを起動させる
SUBSYSTEM=="virtio-ports", ATTR{name}=="org.qemu.guest_agent.0",
  TAG+="systemd" ENV{SYSTEMD_WANTS}="qemu-guest-agent.service"

#(6)ファイルが対応づけられていないloopデバイスはsystemdでは無視する
SUBSYSTEM=="block", KERNEL=="loop[0-9]*", ENV{DEVTYPE}=="disk", TEST!="loop/⮐
backing_file", ENV{SYSTEMD_READY}="0"
```

　各行にキー、演算子、値の組が複数ありますが、演算子によってパターンマッチ（==、!=）か、操作（=、+=、-=、:）かが変わります。たとえば、**ATTR{名前}=値**はsysfsの対応するファイルへ値を書き込むことを示します。

　リスト9.1の（1）はデバイスのポーリング設定を行い、（2）は関連するブロックデバイスにueventを発生させます。(3) の**OPTIONS+="watch"**は少し特殊で、デバイスをinotifyで監視して更新が行われた場合にudevがueventを発生させます。これはパーティションテーブルの書き換え

を検出するために行われます。(4) はsystemdでdevice unitとして扱うことを示すsystemdタグを付与します。(5) ではdevice unitを作るだけでなく、**Wants**ディレクティブに記述する依存関係を定義しています。(6) ではループバックデバイスの初期化ができていない時点では接続を無視します。これらのほかにラベルとGOTOを使った条件分岐なども記述できます。

9.7 hwdb

udevでの処理に必要な情報が、すべてデバイスから得られるとは限りません。たとえば、マウスでは典型的にDPI情報はわかりませんし、デバイスの分類や表示用の名前情報などもデバイスによってはよくわからないことがあります。

そのような場合のためにhwdbがあります。hwdbはHardware Databaseの略で、デバイスに対応するパターンをキーとして、udevルールファイル内で利用できるudevの属性データを保持しているKey-Valueストアです。おもにハードウェアから直接入手できない追加の属性を保持するために利用されます。

/usr/lib/udev/hwdb.d/ と /etc/udev/hwdb.d/ 以下に**リスト9.2**のようなテキストファイルを配置します。

▌ リスト9.2　マウスについてのhwdb記述例

```
mouse:*:name:*Trackball*:*
mouse:*:name:*trackball*:*
mouse:*:name:*TrackBall*:*
 ID_INPUT_TRACKBALL=1
mouse:usb:v046dp101a:name:Logitech Performance MX:*
 MOUSE_DPI=1000@166
mouse:usb:v046dp4041:name:Logitech MX Master:*
 MOUSE_DPI=1000@166
 MOUSE_WHEEL_CLICK_ANGLE=15
 MOUSE_WHEEL_CLICK_ANGLE_HORIZONTAL=26
 MOUSE_WHEEL_CLICK_COUNT=24
 MOUSE_WHEEL_CLICK_COUNT_HORIZONTAL=14
```

　テキストのままでは利用されず、**systemd-hwdb**コマンドによりバイナリ形式の/etc/udev/hwdb.binまたは/usr/lib/udev/hwdb.binを生成したうえで、実行時にはバイナリだけが利用されます。udevルールの中でhwdbを呼び出し（**リスト9.3**）、対応する属性をudevの属性として設定します（**図9.4**）。

▎ リスト9.3　udevルールからhwdbを参照する例

```
# mouse:<subsystem>:v<vid>p<pid>:name:<name>:*
KERNELS=="input*", ENV{ID_BUS}=="usb", \
        IMPORT{builtin}="hwdb 'mouse:$env{ID_BUS}:v$attr{id/vendor}p$attr{id/⏎
product}:name:$attr{name}:'", \
        GOTO="mouse_end"
```

▎ 図9.4　udevadm infoでの確認、MOUSE_DPI属性が付与されている

```
$ udevadm info /dev/input/by-id/usb-Logitech_USB_Receiver-if02-event-mouse
P: /devices/pci0000:00/0000:00:08.1/0000:04:00.4/usb3/3-1/3-1.4/3-1.4.3/3-1.4.3:1.2/⏎
0003:046D:C52B.000A/0003:046D:406D.000D/input/input33/event14
N: input/event14
L: 0
S: input/by-id/usb-Logitech_USB_Receiver-if02-event-mouse
S: input/by-path/pci-0000:04:00.4-usb-0:1.4.3:1.2-event-mouse
(..略..)
E: ID_USB_DRIVER=usbhid
E: ID_PATH=pci-0000:04:00.4-usb-0:1.4.3:1.2
E: ID_PATH_TAG=pci-0000_04_00_4-usb-0_1_4_3_1_2
E: MOUSE_DPI=1000@167    ←MOUSE_DPI属性が付与されている
E: LIBINPUT_DEVICE_GROUP=3/46d/406d:usb-0000:04:00.4-1.4
E: DEVLINKS=/dev/input/by-id/usb-Logitech_USB_Receiver-if02-event-mouse /dev/input/⏎
by-path/pci-0000:04:00.4-usb-0:1.4.3:1.2-event-mouse
```

9.8 NICの命名

systemd環境でNIC（Network Interface Card）がenp1s0f1やem1のように命名されること自体はよく知られているかと思います。実際にこの名前を設定しているのもudevdです（**図9.5**）。

図9.5　NICについてudevadm infoで情報を確認する例

```
$ udevadm info /sys/class/net/enp1s0f1
P: /devices/pci0000:00/0000:00:02.2/0000:01:00.1/net/enp1s0f1
L: 0
E: DEVPATH=/devices/pci0000:00/0000:00:02.2/0000:01:00.1/net/enp1s0f1
E: INTERFACE=enp1s0f1 ←現在のネットワークインターフェース名
E: IFINDEX=2
E: SUBSYSTEM=net
E: USEC_INITIALIZED=53506535
E: ID_NET_NAMING_SCHEME=v249
E: ID_NET_NAME_MAC=enxe04f43e8ead6 ←MACアドレスを基にしたインターフェース名(net_idが生成)
E: ID_OUI_FROM_DATABASE=Universal Global Scientific Industrial Co., Ltd.
   ↑hwdbを参照して設定した属性名(の一部)には_FROM_DATABASEが付与される ※
E: ID_NET_NAME_PATH=enp1s0f1 ←接続方法(path)を基にしたインターフェース名(net_idが生成)
E: ID_BUS=pci
E: ID_VENDOR_ID=0x10ec
E: ID_MODEL_ID=0x8168
E: ID_PCI_CLASS_FROM_DATABASE=Network controller ←上記の※と同様
E: ID_PCI_SUBCLASS_FROM_DATABASE=Ethernet controller ←上記の※と同様
E: ID_VENDOR_FROM_DATABASE=Realtek Semiconductor Co., Ltd. ←上記の※と同様
E: ID_MODEL_FROM_DATABASE=RTL8111/8168/8411 PCI Express Gigabit Ethernet Controller
   ↑上記の※と同様
E: ID_MM_CANDIDATE=1
E: ID_PATH=pci-0000:01:00.1 ←接続方法を示すPATH
E: ID_PATH_TAG=pci-0000_01_00_1
E: ID_NET_DRIVER=r8169
E: ID_NET_LINK_FILE=/usr/lib/systemd/network/99-default.link
E: ID_NET_NAME=enp1s0f1 ←ポリシーに従って決めたインターフェース名(net_setup_linkが生成)
E: SYSTEMD_ALIAS=/sys/subsystem/net/devices/enp1s0f1
E: TAGS=:systemd: ←systemdでdevice unitとして扱うことを示すタグ
E: CURRENT_TAGS=:systemd:
```

ルールファイル75-net-description.rulesで呼び出される、udevに組み込まれた**net_id**コマンドにより接続方式やファームウェアによる名前がID_NET_NAME_PATHやID_NET_NAME_SLOT属性として付与されます。

ルールファイル80-net-setup-link.rulesから呼び出されるnet_setup_linkで、どの名前を優先す

るかのポリシーに従って名前を設定します。

　命名ポリシーはカスタマイズ可能で、デフォルトは/usr/lib/systemd/network/99-default.link で設定されています。/etc/systemd/network/10-foo.linkのようなファイルを作成してポリシー変更や任意の名前設定ができます。*.linkファイルについては第16章でも触れています。詳細は systemd.link（5）に記載されています。

systemd-journald

10.1 systemd-journaldとは

　systemd-journaldはさまざまなログを、構造化されてインデックス付けされたjournalとして収集、蓄積、メンテナンスするプログラムで、systemdとは独立したサービスとして実行されます（**図10.1**）。

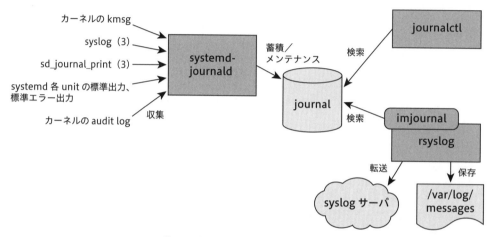

▌図10.1　systemd-journald概要図

　systemd-journaldの利用はsystemd環境で必須ではありません[注1]が、systemdのunit情報を含むコンテキスト情報を扱うほか、unitの定義中にログ出力のレート制限を設定できるなどの連携が行われており、便利に利用できます。

　関連する man page は systemd-journal（8）、journalctl（1）、systemd.journal-fields（7）、journald.conf（5）、systemd.exec（5）、logger（1）です。

注1　Red Hat Enterprise Linux などのディストリビューションで必須である場合はあります。

10.2 systemd-journaldへのログ記録

　systemd-journaldはさまざまな種類のログを収集します。カーネルからは通常のログ（kmsg）と監査ログ（audit log）、プロセスからは従来からあるsyslog関数が出力する/dev/logとsystemd-journald用のsd_journal_print関数が出力する/run/systemd/journal/socketを待ち受けます。systemdの各unitから実行されるコマンドの標準出力、標準エラー出力は、デフォルトでsystemd-journaldに記録されるよう設定されます。systemd-journaldはこれらの情報源から収集した情報をjournalにまとめて保存します。さらに、systemd-journald専用のプロトコルでリモートからのログを受信することもできます。

　systemd-journaldは、収集した情報をjournalに保存するほかに、kmsg、syslog、コンソール出力、wall[注2]へ転送することも行えます。デフォルトではwallのみ有効です。

10.3 journalに保存される情報

　systemd-journaldは同一サーバ内であれば、プロセスごとのUID、GIDやシステムのmachine ID[注3]などのコンテキスト情報を保持し、ログとして送信された内容だけでなくコンテキスト情報もjournalへ保存します。

　実際のログから、journalに保存される情報の例を見てみましょう。リスト10.1の例は従来のsyslog関数で記録した場合のものですが、syslogでのログと比較するとタイムスタンプがマイクロ秒単位であることや、プロセスやシステムのコンテキスト情報など多数の情報が含まれていることがわかります。アプリケーションがsd_journal_print関数を利用すると自由にフィールドを追加できます。

▌ リスト10.1　journalの1行に対応する出力の例

```
{
  "__CURSOR" : "s=47faae(略);i=55b;b=c783(略)"  ←journal内の位置を示すカーソル
  "__REALTIME_TIMESTAMP" : "1634624142502179",   ←実時間、マイクロ秒
  "__MONOTONIC_TIMESTAMP" : "10998376",          ←起動からの時間、マイクロ秒
  "_SOURCE_REALTIME_TIMESTAMP" : "1634624142502096", ←実時間の内最初に記録されたもの
```
時刻

注2　現在ログイン中の全ユーザーのコンソールへメッセージを送るしくみ。
注3　machine ID はシステムごとに付与されるユニークな ID で、/etc/machine-id に保存されます。

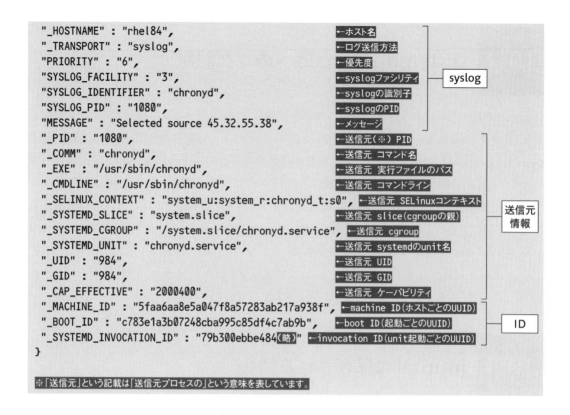

```
  "_HOSTNAME" : "rhel84",                                    ←ホスト名
  "_TRANSPORT" : "syslog",                                   ←ログ送信方法
  "PRIORITY" : "6",                                          ←優先度
  "SYSLOG_FACILITY" : "3",                                   ←syslogファシリティ
  "SYSLOG_IDENTIFIER" : "chronyd",                           ←syslogの識別子
  "SYSLOG_PID" : "1080",                                     ←syslogのPID
  "MESSAGE" : "Selected source 45.32.55.38",                ←メッセージ
  "_PID" : "1080",                                           ←送信元(※) PID
  "_COMM" : "chronyd",                                       ←送信元 コマンド名
  "_EXE" : "/usr/sbin/chronyd",                              ←送信元 実行ファイルのパス
  "_CMDLINE" : "/usr/sbin/chronyd",                          ←送信元 コマンドライン
  "_SELINUX_CONTEXT" : "system_u:system_r:chronyd_t:s0",     ←送信元 SELinuxコンテキスト
  "_SYSTEMD_SLICE" : "system.slice",                         ←送信元 slice(cgroupの親)
  "_SYSTEMD_CGROUP" : "/system.slice/chronyd.service",       ←送信元 cgroup
  "_SYSTEMD_UNIT" : "chronyd.service",                       ←送信元 systemdのunit名
  "_UID" : "984",                                            ←送信元 UID
  "_GID" : "984",                                            ←送信元 GID
  "_CAP_EFFECTIVE" : "2000400",                              ←送信元 ケーパビリティ
  "_MACHINE_ID" : "5faa6aa8e5a047f8a57283ab217a938f",        ←machine ID(ホストごとのUUID)
  "_BOOT_ID" : "c783e1a3b07248cba995c85df4c7ab9b",           ←boot ID(起動ごとのUUID)
  "_SYSTEMD_INVOCATION_ID" : "79b300ebbe484(略)"              ←invocation ID(unit起動ごとのUUID)
}
```

※「送信元」という記載は「送信元プロセスの」という意味を表しています。

10.4 journalctl コマンドによる検索と整形

　多数の情報が付与されていてデータ構造もはっきりしているため、journalは細かく条件を指定して検索できます。systemctl statusコマンドでunitに対応するログが出力されるのもjournalの検索を利用しています。journalctl コマンドはjournalを検索し、整形して表示します。

　journalctl コマンドは、オプション指定がなければjournalに含まれる最も古いログから順に出力します。通常はjournalをすべては読みたくないですから、必要な範囲を示すためにオプションで検索を行います。journalctl は各フィールドを「フィールド名=値」と指定して検索できるほか、よく使われるフィールドについてはオプションで短く指定できたり、boot IDの違いにより再起動のタイミングを見分けたりすることもできます（**表10.1**）。

▌ 表10.1　journalctlの検索オプション例

検索例	検索オプションの指定例
PIDが1234のログだけを見る	`journalctl _PID=1234`
特定unitに関連したログを見る	`journalctl -u chronyd.service`
priorityがcrit以上のログを見る	`journalctl -p 2`
直近の起動以降のログを見る	`journalctl -b`
3時間前から2時間前の間のログだけを見る	`journalctl --since '3h ago' --until '2h ago'`
メッセージに "hoge" が含まれているログだけを見る	`journalctl -g hoge`
ユーザーセッションのjournalファイルは無視してシステムのjournalファイルだけを見る	`journalctl --system`

　journalはバイナリデータで情報を保持していますから、journalctlが整形を行って表示します。たとえば、実時刻についてはマイクロ秒単位のUNIX時間で記録され、タイムゾーンの反映はjournalctlが整形するときに行います。journalctlはいくつかのフォーマットに対応していて、-oオプションで切り替えます。図10.2によく使う例を挙げます。

```
▼short（デフォルト）
 Nov 05 18:17:29 turtle chronyd[1323]: System clock TAI offset set to 37 seconds

▼short-full（--since オプションなどでの指定にそのまま使えるフォーマットで時刻を表示）
 Fri 2021-11-05 18:17:29 JST turtle chronyd[1323]: System clock TAI offset set to 37 seconds

▼short-precise（時刻をマイクロ秒単位で表示）
 Nov 05 18:17:29.389647 turtle chronyd[1323]: System clock TAI offset set to 37 seconds

▼json-pretty（JSON 形式で整形して表示）
 ※出力例はリスト 10.1 を参照
```

▌ 図10.2　journalctlのフォーマット例

10

　journalctlを使う場合、実際にはいくつかのオプションを組み合わせて利用することになります。

```
$ TZ=Asia/Tokyo journalctl -u chronyd --since -3d -o short-precise
```

　たとえば上のコマンドでは、環境変数TZを指定することで時刻を日本のタイムゾーンで処理することを指示し、chronyd.service unitに関連する、現在から3日前以降のログだけを、タイムスタンプをマイクロ秒単位にしたフォーマットで出力します。コマンド例では「chronyd.

service」を単に「chronyd」とだけ記載しています。systemctl などほかのコマンドでも同様ですが、unit名を指定する箇所で「.service」のようなunitの種類を省略した場合、serviceが自動的に補完されます。

10.5　複雑な検索の例

　たとえば、問題が発生した期間にあるログのうち一部だけを参照したいケースで、1プロセスだけでなく複数プロセスを見たい場合があります。同じフィールドを検索したい場合には_PID=1 _PID=40のように条件を複数並べて記述することでOR検索ができます。

　絞り込みのためのキーワードを探すときに役立つのがjournalctl の--fieldオプションです。指定したフィールドの値一覧を出力します。任意のフィールドを指定できるので、syslog風の出力に含まれないunit名（UNIT）などのフィールドも利用できます。--fieldオプションはjournal全体を対象として動作して、期間などを絞り込むオプションとの併用ができません。そのような検索をしたい場合には必要なフィールドを出力したうえでテキスト処理を行う必要があります（図10.3）。

▎図10.3　「過去3日以内にログに登場したコマンド一覧」を取得し、必要なものだけを選んで表示する

```
↓「過去3日以内にログに登場したコマンド」を検索
$ journalctl --system --since -3d -o verbose --output-fields _COMM | grep _COMM |
sort | uniq
    _COMM=at-spi2-registr
    _COMM=avahi-daemon
    _COMM=bluetoothd
    _COMM=cupsd
    _COMM=dbus-broker
    _COMM=dbus-broker-lau
    _COMM=dbus-daemon
    _COMM=dnf
    _COMM=dnsmasq
    _COMM=firewalld
    _COMM=fstrim
    _COMM=fwupd
（..略..）

↓「packagekitd」と「dnf」を指定して検索
$ journalctl --system --since -3d _COMM=packagekitd _COMM=dnf
（..略..）
```

　さらに複雑な検索をしたい場合には、「+」によるOR検索を利用します（**図10.4**）。前述のように同じフィールドが連続した場合には自動的にOR扱いになりますが、異なるフィールドを並べるとAND検索になります。複雑な検索では明示的に+を書いてORであることを示します。

▌図10.4　複雑な条件で検索する例

```
$ journalctl -b _TRANSPORT=audit _AUDIT_TYPE=1100 + _TRANSPORT=kernel
```

　図10.4の検索例は、SQL風に書くと、

```
((_TRANSPORT=audit AND _AUDIT_TYPE=1100) OR (_TRANSPORT=kernel))
```

という条件で検索しています。

10.6 journalのファイル配置とローテート

📚 journal が保存される場所

　journalは、デフォルトでは/var/log/journalディレクトリの有無で保存する場所が変わります。/var/log/journalディレクトリがない場合は/run/log/journal/machine ID/以下に保存され、再起動時には消えてしまいます[注4]。/var/log/journalディレクトリが存在する場合には、/var/log/journal/machine ID/ディレクトリが自動的に作成されてこの中に保存され、再起動をしても消えません。journalの保存されるディレクトリには通常のパーミッションのほかに、ACL[注5]により管理者グループへの読み込みアクセス許可が含まれています。

　journalは独自のバイナリ形式で、複数ファイルから成ります。現在の出力先となるファイルはsystem.journalとuser-UID.journalです。デフォルトではユーザーセッション由来のjournalはユーザーごとに別のファイルに分けられ、ACLにより対応するユーザーからの読み込みアクセスが可能になっています（**図10.5**）。

注4　/run は tmpfs ですので再起動のタイミングで揮発します。
注5　ACL（Access Control List）はファイルオーナーのユーザーやグループ以外の、特定のユーザーや特定のグループへ権限を許可するしくみ。通常のパーミッションでは設定が難しいアクセス許可を設定できます。詳しくは man page acl（5）を参照。

図10.5　journalファイルのACLを確認する例

```
$ cd   /var/log/journal/0e5c275b71674a68a37d977e8902c7c7/
$ getfacl system.journal
# file: system.journal
# owner: root
# group: systemd-journal
user::rw-
group::r-x              #effective:r--
group:adm:r--
group:wheel:r--
mask::r--
other::---

$ getfacl user-1000.journal
# file: user-1000.journal
# owner: root
# group: systemd-journal
user::rw-
user:moriwaka:r--
group::r-x              #effective:r--
group:adm:r-x               #effective:r--
group:wheel:r-x             #effective:r--
mask::r--
other::---
```

journal のローテート

　systemd-journaldは自動、またはjournalctlなどからのD-Bus APIによるリクエストを契機としてjournalファイルを切り替え（ローテート）し[注6]、古いファイルを削除します。ローテートされるときにはカーソル位置や時刻などが含まれたファイル名が付けられます（**図10.6**）。systemd-journaldがファイルの破損を検出した場合には.journal~のようにファイル名末尾にチルダが付与された名前にローテートされます。

図10.6　journalファイルの例

```
$ ls /var/log/journal/0e5c275b71674a68a37d977e8902c7c7/
system@b7e17f136d7e45699ed9e13bf269c0bd-00000000002cece0-0005cf4a6cffbb28.journal
(..略..)
system@b7e17f136d7e45699ed9e13bf269c0bd-0000000000307085-0005cfed4de8ca94.journal
system.journal
user-1000@016a46914b78492c865685d0de9fe243-00000000002cece4-0005cf4a70a5ae53.journal
(..略..)
```

注6　今までのjournalファイルをリネームし、新規のjournalファイルを作成します。

```
user-1000@016a46914b78492c865685d0de9fe243-000000000030708f-0005cfed5daae99e.journal
user-1000.journal
```

　通常はこれらのファイルを管理者が直接操作することはありません。systemd-journaldによる
自動管理に任せるか、手動で操作する場合はjournalctlコマンドを利用します。--rotateですぐ
にローテートを発生させる、--vacuum-timeで一定期間以上前のログを含むjournalファイルを削
除するなどのオプションを利用します（**図10.7**）。

▌図10.7　journalctlによるローテートと削除の例

```
↓今すぐjournalのローテートを開始
# journalctl --rotate

↓3ヵ月以上前のログを含むjournalファイルを削除
# journalctl --vacuum-time=3month
(..略..)
Deleted archived journal /var/log/journal/0e5c275b71674a68a37d977e8902c7c7/⏎
system@9946b0564b1841efba5ba6f72db3d490-00000000001956f1-0005f1b89e29e796.⏎
journal (8.8M).
Deleted archived journal /var/log/journal/0e5c275b71674a68a37d977e8902c7c7/⏎
user-1000@e5f646cd6f8249748eb5d5759a730a90-0000000000195719-0005f1b8e833b3e7.⏎
journal (6.0M).
Vacuuming done, freed 793.3M of archived journals from /var/log/journal/⏎
0e5c275b71674a68a37d977e8902c7c7.
Vacuuming done, freed 0B of archived journals from /var/log/journal.
Vacuuming done, freed 0B of archived journals from /run/log/journal.
```

　systemd-journaldはデフォルトで自動ローテートが設定されています。現在のファイルへの記
録を開始してから1ヵ月、またはストレージ容量から自動計算される容量（最大512MB）を超え
たタイミングでローテートを行います。
　journalの削除はファイル単位でのみ行われ、ファイル内の一部削除はできません。もし細かい
粒度で削除を行いたい場合はローテートの頻度を上げる必要があります。systemd-journaldの
設定ファイル/etc/systemd/journald.confで`MaxFileSec`（1つのファイルに保存する最長の期間）
や`SystemMaxFileSize`（1つのファイルの最大サイズ）を指定します。`SystemMaxFiles`（ファイル
数の上限）がデフォルトでは100に設定されていますので、ローテート頻度を上げる場合には必
要な期間に合わせて変更します。

10.7　journal は長期間保存には向かない

　journal は便利ですが、長期間／大量のログを保存する用途には向きません。たとえば、systemd-journald では監査要件などで典型的な「最低 x 日分のログを保存する」という設定はできません。このような要件がある場合には（RHEL のデフォルトのように）rsyslog など systemd-journald 以外のしくみでログを保存します。

　`journalctl` はとくに指定がなければ[注7]、現在 journal に存在するすべてのファイルを読み込みます。単純に容量に比例して必要な I/O 量が増えますから、journal のサイズ上限はデフォルトの 4GB やその数倍程度のサイズに抑えることをお勧めします。

10.8　systemd-journald の起動タイミング

　systemd-journald は initramfs[注8] の中に含まれ、システム起動プロセスのごく早いタイミングで起動され、それまでに蓄積された kmsg などを読みとり /run/systemd/journal 以下へ保存します。システム起動中に行われる root ファイルシステムの切り替え後に、永続化が設定されていれば出力先の調整を行います。このように通常の syslog などよりはるかに早いタイミングで起動することで、起動直後のカーネルのメッセージや、initramfs の起動処理中のメッセージなどを含めた各種のログを journal で統一的に扱うことができます。

10.9　syslog との連携

　systemd-journald で収集したログを syslog サーバへ送ることができます。大きく 2 つの方法があります。

注7　`--user --system --directory --file` のオプションにより読み込み対象のファイルを絞り込むことが可能です。
注8　initramfs は Linux システムの起動時に利用される小規模なファイルシステム。カーネルモジュールや systemd、ストレージやネットワーク初期化のためのユーティリティなどが含まれます。起動時にまず initramfs を root ディレクトリへマウントし、本来の root にあたるファイルシステムのマウントに必要な初期化やマウントを行ったのち、root ディレクトリを切り替えます。

① systemd-journaldが/run/systemd/journal/syslogソケットへ書き込み、syslogサーバが読み取る。

② syslogサーバがjournalctlのようにjournalを読みログへ出力する。

①の方法はsyslogサーバの改修が不要ですが、②の方法では改修が必要な代わりにjournalで拡張されたメタデータを利用できます。

RHELやFedoraのデフォルトでは、rsyslogのimjournalモジュールで連携し、これは②の方法にあたります。imjournalは/var/lib/rsyslog/imjournal.stateで最後に同期したjournalのカーソル情報を保存して、この続きからsyslogへ出力します。

syslogサーバと連携して利用する場合の注意点として、ログのレート制限の設定をする場合、syslogだけ制限を緩和してもsystemd-journaldでレート制限される場合がありますので、両方での設定が必要です。

10.10 ログの制限、unit ごとの設定

systemd-journaldのレート制限は、unit単位で行えます。journald.confでRateLimitIntervalSecとRateLimitBurstを指定して各unitで指定されない場合のデフォルトを設定します。デフォルトの値はsystemdのバージョンにより異なりますが、RHEL 7に含まれるsystemd 219のような古いバージョンでは、30秒あたり1,000行のような厳しい制限が設定されています。最新のsystemd 251では、30秒あたり10,000行のデフォルト値に加えて、ログが保存されるストレージの空き容量により自動的に1 ～ 64倍されるよう変化しています[注9]。

journalへの保存や各種出力への転送をログレベルで制限でき、journald.confのMaxLevel*で指定します。デフォルトではdebugですべてのログを保存しますが、ストレージの制限が厳しい環境ではwarning（以上）のように設定することもできます。

特定unitのログ出力だけを抑制したい場合は、該当するunit fileにLogLevelMaxディレクティブを指定することで実現できます。そのほかにもunitごとのレート制限や、journalへ独自のフィールドを追加する設定も可能です。詳しくはman page systemd.exec内で、Logで始まるディレクティブを参照してください。

注9　レート制限のおもな目的は保存先である /run/ や /var/ の容量が逼迫すること（結果としてローテートが頻繁に発生して本来必要な最近のログが消えてしまう）の予防です。空き容量が十分に大きければレート制限を緩和できます。

10.11 アプリケーションからのログ出力

　既存のアプリケーションからのログ出力方法を変更する必要はありません。追加のフィールドを利用するなどsystemd-journaldの機能を活用したい場合にはlibsystemdで提供されるsd_journal_print関数や、各言語のラッパー関数を利用できます。

　シェルスクリプトなどでjournalへのログ出力を行う場合、`logger`コマンドの`--journald`オプションを利用すると、syslogにないフィールドの利用ができます。

▼ Column

多数のユーザーがいる場合はSplitMode設定に注意

● journalのローテートと削除

　systemd-journaldはログをjournalに保存するタイミングで、時間／サイズなどの条件を判定してjournalを自動的にローテートします。デフォルトでは記録を始めて30日経過する、全体で利用できる容量（デフォルトは4GiBまたはパーティションの10%のどちらか小さなサイズ）の1/8のサイズを超える、内部で利用されるhashmapの利用率が75%を超えるなどの契機でローテートが発生します。

　systemd-journaldによるローテートはlogrotateと異なり定期的に実行するものではなく、ログ出力タイミングで行われる点に違和感があるかもしれません。system.journalはシステムが単純に動作しているだけでもログが出力されますが、user-UID.journalは該当するユーザーのログインがなければまったく出力されませんから、ローテートもずっと行われません。一部journalファイルが古過ぎて気になるような場合は、`journalctl --rotate`コマンドで強制的にローテートを発生させることができます。

　ローテートされた過去のjournalは、やはりログ出力のタイミングで設定に従い削除されます。最新のjournalファイルが削除されることはありません。

● 1,000人のユーザーがいるシステム

　例として、1,000人のユーザーが散発的にログインして利用するシステムを考えてみます。共用されるHPCクラスタや大学の演習環境のようなイメージです。

　user-UID.journalが約1,000個できます。1つ最低8MiBですから、最低で8GiB弱になります。

　8GiB弱のサイズはそれだけでsystemd-journaldがデフォルトで設定するjournal全体のサイズ上限を超えています。

　この状態でも最新のjournalファイルは削除されませんが、ローテートにより作成された過去のjournalは、サイズ上限を超えているため作成後すぐに削除されます。つまり、system.journalにローテートが発生すると、journalからサービスなどの過去のログがほとんど消えてしまいます。その後、徐々にログが蓄積されていき、次回のローテートでまた消えるという動作の繰り返しになります。これ

はタイミングによっては数秒前のログも消えてしまいますからまずい動作です。

●SplitMode設定

　このようなケースでは、各ユーザーセッションのログを1つのjournalファイルにまとめて記録するほうが期待に近い動作になります。/etc/systemd/journald.confで**SplitMode=none**と設定を行います。デフォルトでは**SplitMode=uid**となっていますが、この設定をnoneとするとuser-UID.journalは作成されず、すべてsystem.journalに記録されます。過去に作成されたユーザーごとのjournalファイルが自動的に削除されることはありません。管理者による削除が必要です。

　ファイルをユーザーごとに分割せずsystem.journalにまとめることで、ローテーション時に参照できる過去のログが極端に少なくなる現象を避けられます。1つのファイルにまとめた結果として、各ユーザーがデフォルトでは自分のセッションのログを読めなくなり、システム全体のログを読むのと同じ権限が必要になります。

10

core dump 管理

11.1　core dump管理

　本章ではsystemd-coredumpを紹介します。関連するman pagesはsystemd-coredump（8）と、core（5）、coredump.conf（5）、sysctl.d（5）です。

11.2　core dumpとは

　Linux上でプロセスが異常終了するときに、（ただ単に終了するだけでなく）デバッグや原因調査のためにプロセスが利用していたメモリやレジスタの状態を保存することができます。この保存先のファイルを「core dump file」や単に「core dump」と呼びます。core dumpを利用すると、終了直前のメモリの状態がわかります。異常終了する原因はさまざまですが、この最後の状態からなんとか原因を探索していくことになります。

　ここで言う異常終了とは、おもに外部からのシグナル注1を受けてプロセスが予期せず終了されるケースを指しています。あらかじめ想定された問題によりうまく動作しない場合であれば、プログラムで原因についてログ出力を行えます。しかし、このような場合には（想定されていませんから）どのように動作していたかをcore dumpの内容から調査する必要があります。

　systemd-coredump以前のLinux環境では典型的には、core.PIDというファイルがCWD注2に作成されるのがデフォルトの動作でした。

注1　シグナルは UNIX 系 OS で利用されるプロセス間通信のしくみです。シグナルには種類を示す番号が付いていて、たとえば、15 番は
　　　SIGTERM でプロセスへ終了するよう伝えるためのシグナルであることを示します。プログラムでは、受け付けたシグナルの種類に対してあらか
　　　じめ動作を設定しておき、適切な操作を行います。ただし、一部のシグナルについては動作を変更できず強制終了などのあらかじめ決められた
　　　動作を行います。「外部からのシグナル」の外部とはプロセスまたは Linux カーネルのことです。
注2　カレントワーキングディレクトリ。多くのサービスでは / ディレクトリで、対話的に操作する場合はシェルの CWD と同じ場合が多い。プログラ
　　　ム内で変更することもできます。

11.3 Linuxカーネルによるcore dump出力

core dumpは、一般的なプログラムが生成する[注3]こともできますが、典型的にはLinuxカーネルが生成します。Linuxカーネルは特定のシグナルを受信した場合にプロセスを終了し、core dumpを出力します。このときcore dump出力に関するいくつかの設定を行えます。

core dump出力サイズの制限

- シェルの`ulimit`コマンドやservice unitの`LimitCORE`ディレクティブにより、core dump出力サイズの上限を設定します。サイズの上限を0と指定することで、core dumpの出力を禁止することができます。

core dump ファイル名の指定

- /proc/sys/kernel/core_pattern ファイルに、テンプレートを指定することで生成するcore dumpのファイル名を指定します。たとえば "core.%p.%t" のように指定していると、%pがプロセスIDに、%tが時刻に置き換えられます。このテンプレートの先頭にパイプ記号 "|" があると、その後をコマンドラインとして任意のプログラムをroot権限で実行させることができます。core dumpはファイルに保存されるのではなく、起動したプログラムへ標準入力として渡されます。本章で紹介するsystemd-coredumpはこのしくみを利用して起動します。

11.4 core dump管理の必要性

ソフトウェア開発中のテスト実行などで作業中のディレクトリにcore dumpが作成された場合、必要に応じてデバッグに利用しつつ、不要になった時点で[注4]core dumpを削除します。利用する期間が短いため開発中には特別な管理はほとんど必要ありません。

ところが運用を始めると、core dumpの管理が必要になってきます。理由を詳しく見ていきましょう。

まずcore dumpを保存しない場合を考えます。前述のようにcore dumpサイズの上限を0と設定して出力を禁止することができます。ただし、禁止すると「強制的に終了されたことと、シグナルの種類」だけがカーネルのログからわかり、それ以上の調査は（ソフトウェア自身が非常に

注3 たとえば、GNU デバッガ（gdb）付属の gcore コマンドは実行中プロセスの core dump を生成します。
注4 通常ソースコードに何かしら修正を行った時点で core dump は不要になります。

詳細なログを保存するような例外的なケースを除けば）できません。バグレポートをしようにも「xx 月 yy 日の zz 時にシグナル xy を受信して強制終了されました」とだけ報告しても（されても）あまり問題は絞り込めません。プログラムでどのような問題が発生したかを調べて修正するには、もっと情報が必要です。

　次に core dump を保存する場合を考えます。たとえば、あるサービスが不正なメモリアクセスをしてシグナルを受け、/core.PID というファイルが作成されるとします。サービスが停止した報告を受けて運用管理者が core dump を回収し、開発者へレポートしたり自分で直接調査を行ったりします。ただし、無制限の自動再起動を設定しているような場合にはまずいシナリオが発生することがあります。起動直後に core dump を出力するような条件が整ってしまうと、再起動と core dump 出力のループを自動的に繰り返して数分ほどの間に多数の core dump が保存され、多量の core dump により簡単に / ファイルシステムの容量が逼迫してしまいます。容量逼迫のほかにも、ほとんどのサービスは / ディレクトリが CWD ですから、core.PID がどのサービスに対応しているかについて調査する必要が出てきます。

　まとめると、次のようなしくみが必要です。

- core dump を単に保存するだけでなくプログラム、時刻、PID などの関連情報を保存する。
- core dump が非常に大きくなるケースについて、条件によってファイルに保存しない設定を管理者が行えるようにする。
- システムに保存された複数の core dump をまとめて容量上限などに従って自動的に削除する。

11.5 systemd-coredump

　core dump を保存する場合にも、保存しない場合にも、悩ましい点があることがわかりました。systemd-coredump はこの状況に対してある程度の解決策になっています。

　あらかじめ core dump を保存するときに、直接カーネルがファイルを保存するのではなく、systemd-coredump プログラムを経由して保存するように設定します。systemd-coredump を利用する環境で /proc/sys/kernel/core_pattern を確認すると、

```
|/usr/lib/systemd/systemd-coredump %P %u %g %s %t %c %h
```

のように指定されており、systemd-coredumpはcore dumpを標準入力から読むほかに、オプションとして、PID、UID、GID、受信したシグナル、時刻、core dumpのサイズ、ホスト名が渡される[注5]ことがわかります。

　core_patternの設定は/usr/lib/sysctl.d/50-coredump.conf内で行われています。/usr/lib/sysctl.d/以下にある*.confファイルは、分割されたsysctlの設定[注6]で、システム起動時にファイル名順に読み込まれます。

　systemd-coredumpプログラムはsystemd-journaldのように、ファイルシステムの残容量やcore dump自体のサイズを考慮して保存を行います。デフォルトでは、ファイルシステムの10%以下（MaxUse）をcore dumpに利用し、ファイルシステムの空き容量が15%以上（KeepFree）になるように古いcore dumpが削除されます。保存するプロセスのサイズは2GB以下（ExternalSizeMax）と指定されていて、メモリリークなどで異常に大きくなったcore dumpは保存しません。これらの設定は/etc/systemd/coredump.conf（リスト11.1）で変更できます。MaxUseとKeepFreeのデフォルト値はファイルシステムサイズに対する比率ですが、指定する場合には"20G"のようにバイト単位での指定だけが可能です。

▎ リスト11.1　デフォルトのcoredump.conf

```
[Coredump]
#Storage=external
#Compress=yes
#ProcessSizeMax=2G
#ExternalSizeMax=2G
#JournalSizeMax=767M
#MaxUse=
#KeepFree=
```

　systemd-coredumpでは、systemd-journaldが管理するjournalの中にcore dumpそのものを保存する指定もできます。RHELのデフォルトではjournal内ではなく/var/lib/systemd/coredump以下に個別のファイルとして保存されます。圧縮が有効であれば、xz、lz4、zstdのいずれかによる圧縮が行われて通常のcore dump保存よりストレージ容量を節約します。

注5　各引数の詳細な意味はcore (5) を参照。
注6　sysctlはカーネルに対する設定を行うコマンドで、カーネルが用意している/proc/sys以下の特殊なファイルへの書き込みにより設定をカーネルへ反映します。たとえば、/etc/sysctl.confへ「kernel.core_pattern=core」のように記述してからsysctlを実行すると、/proc/sys/kernel/core_patternに「core」が書き込まれます。この設定を行うと、カーネルはcore dumpのファイル名をcore.PIDの形式にして、systemd-coredumpを利用せず直接ファイルが書き出されるようになります。

systemd-coredump が保存する内容

systemd-coredumpは単にcore dumpを保存するだけではなく、プロセスについての多数の情報をjournalに保存します（**リスト11.2**）。これらの情報は/procなどから収集されます。

▍ リスト11.2　journalに記録されるcore dump関連フィールドの例

```
"COREDUMP_CGROUP" : "/system.slice/pmproxy.service",  ←プログラムのcgroup
"COREDUMP_CMDLINE" : "/usr/libexec/pcp/bin/pmproxy -F",  ←コマンドライン文字列
"COREDUMP_COMM" : "pmproxy",  ←COMM文字列
"COREDUMP_CWD" : "/var/log/pcp/pmproxy",  ←CWD
"COREDUMP_ENVIRON" : "PCP_USER=pcp\nPCP_VAR_DIR=/var/lib/pcp\nPCP_ECHO_N=-n\nPCP_
SASLCONF_DIR=/etc(略)  ←環境変数
"COREDUMP_EXE" : "/usr/libexec/pcp/bin/pmproxy",  ←実行ファイル
"COREDUMP_FILENAME" : "/var/lib/systemd/coredump/core.pmproxy.977.94b4d53d7b194
ef3902d7fa0ca02d89c(略)  ←core dumpのファイル名
"COREDUMP_GID" : "966",  ←GID
"COREDUMP_HOSTNAME" : "turtle",
"COREDUMP_OPEN_FDS" : "0:/dev/null\npos:\t0\nflags:\t0100000\nmnt_id:\t25\nino:
\t4\n\n1:/var/log/p(略)  ←openしているファイル、シーク位置など
"COREDUMP_PID" : "2296",  ←PID
"COREDUMP_PROC_CGROUP" : "0::/system.slice/pmproxy.service\n",  ←/proc/<PID>/cgroupの内容
"COREDUMP_PROC_LIMITS" : "Limit               Soft Limit      Hard Limit      Unit(略)
                                          ↑/proc/<PID>/limitsの内容
"COREDUMP_PROC_MAPS" : "55652962c000-556529633000 r--p 00000000 00:20 351858(略)
                                          ↑/proc/<PID>/mapsの内容
"COREDUMP_PROC_MOUNTINFO" : "23 64 0:22 / /proc rw,nosuid,nodev,noexec,relatime
shared:13 - proc (略)  ←/proc/<PID>/mountinfoの内容
"COREDUMP_PROC_STATUS" : "Name:\tpmproxy\nUmask:\t0022\nState:\tS (sleeping)\nTgid:
\t2296\nNgid:\t(略)  ←/proc/<PID>/statusの内容
"COREDUMP_RLIMIT" : "18446744073709551615",  ←core dumpサイズ上限
"COREDUMP_ROOT" : "/",  ←rootファイルシステムが起動時のnamespace内でどのディレクトリか
"COREDUMP_SIGNAL" : "6",  ←受信したシグナル番号
"COREDUMP_SIGNAL_NAME" : "SIGABRT",  ←受信したシグナルの名前
"COREDUMP_SLICE" : "system.slice",  ←cgroupが所属するslice
"COREDUMP_TIMESTAMP" : "1636729826000000",  ←core dump出力時刻
"COREDUMP_UID" : "977",  ←UID
"COREDUMP_UNIT" : "pmproxy.service",  ←systemdのunit名
```

プロセスの実行ファイル、環境変数などの情報のほかに、可能であればバックトレース[注7]を保存します。

systemd-coredumpがcore dumpを保存するディレクトリは/var/lib/systemd/coredumpに決め打ちされており変更できません。この中に保存されたcore dumpは、デフォルトで3日間以上アクセスがない場合に削除されます。core dumpの自動削除はsystemd-tmpfiles（第13章）で実行されており、/lib/tmpfiles.d/systemd.conf内で定義されています。

11.6 systemd-coredumpの有効化

RHEL 8以降では、デフォルトでsysctlによる設定が行われていますが、サービスのcore出力はリソース制限のSoft Limitにより無効になっています。有効にするには次の設定が必要です。

- /etc/systemd/system.confで`DefaultLimitCORE=infinity`を設定するか、core取得を有効にしたいunitで`LimitCORE=infinity`を設定する。
- RHEL 8では`sysctl`で「fs.suid_dumpable=2」を設定する。

11.7 coredumpctl コマンド

journalおよびcore dumpファイルに保存されたcore dumpの情報は、`journalctl`で表示させることもできますが、専用のコマンド`coredumpctl`を利用すると簡単に一覧（**図11.1**）したり、PIDや実行ファイル名を指定してcore dumpの詳細（**図11.2**）を表示したりできます。

注7　プロセス中の各スレッドについて、関数呼び出しで使われるスタックの状態を表示したもの。core出力時点で実行中だった関数がわかります。また、その関数を呼び出した関数を順にたどって表示します。

▎図11.1　coredumpctl一覧例

```
$ coredumpctl --since -6d
TIME                              PID   UID   GID    SIG   COREFILE
Sat 2022-01-01 02:54:13 JST    431228  1000  1000  SIGSEGV  missing
Sat 2022-01-01 09:32:03 JST    463626  1000  1000  SIGSEGV  missing
Tue 2022-01-04 14:28:31 JST    122637  1000  1000  SIGABRT  present
Wed 2022-01-05 19:40:40 JST      4496  1000  1000  SIGSEGV  present
Thu 2022-01-06 04:01:53 JST     31530  1000  1000  SIGSEGV  present
Thu 2022-01-06 07:53:10 JST     59737  1000  1000  SIGSEGV  present
Thu 2022-01-06 08:01:40 JST     61786  1000  1000  SIGSEGV  present
Thu 2022-01-06 08:01:53 JST     61861  1000  1000  SIGSEGV  present
```

下の段に続く

上の段の続き

```
EXE                           SIZE
/usr/bin/gnome-shell          n/a
/usr/bin/gnome-shell          n/a
/usr/bin/gnome-shell          34.9M
/usr/bin/gnome-shell          40.0M
/usr/bin/gnome-shell          38.2M
/opt/google/chrome/chrome     38.6M
/opt/google/chrome/chrome     38.4M
/opt/google/chrome/chrome     38.3M
```

▎図11.2　coredumpctl infoの表示例

```
$ coredumpctl info 4496
          PID: 4496 (gnome-shell)
          UID: 1000 (moriwaka)
          GID: 1000 (moriwaka)
       Signal: 11 (SEGV)
    Timestamp: Wed 2022-01-05 19:40:38 JST (20h ago)
 Command Line: /usr/bin/gnome-shell
   Executable: /usr/bin/gnome-shell
Control Group: /user.slice/user-1000.slice/user@1000.service/session.slice/org.gnom（略）
         Unit: user@1000.service
    User Unit: org.gnome.Shell@wayland.service
        Slice: user-1000.slice
    Owner UID: 1000 (moriwaka)
      Boot ID: a6601283e3ca4854b355f8b79658e2ec
   Machine ID: 0e5c275b71674a68a37d977e8902c7c7
     Hostname: turtle
      Storage: /var/lib/systemd/coredump/core.gnome-shell.1000.a6601283e3ca4854b35（略）
    Disk Size: 40.0M
      Message: Process 4496 (gnome-shell) of user 1000 dumped core.
（以下、ダイナミックリンクライブラリの一覧とバックトレースを省略）
```

　図11.2では紙面の都合上省略していますが、`coredumpctl info`で表示されるバックトレースだけでも問題を絞り込めるケースがあります。

　図11.1の中でCOREFILE欄にmissingとあるものは、journalにはcore dump出力時の情報が保存されているものの、core dumpそのものはすでに削除されているケースです。

　逆に、journalが先に消えてしまった場合には、core dump側にメタデータの一部が保持されています。

　それでは、core dumpのファイル名を見てみましょう。

```
core.gnome-shell.1000.a6601283e3ca4854b355f8b79658e2ec.4496.1641379238000000.zst
```

　上の例の"core."は固定の文字列で、次の"gnome-shell"はコマンド名、"1000"はUID、"a660……"はシステムのboot ID、"4496"はPID、"164137……"はタイムスタンプです。さらに、core dumpファイルの拡張属性としてシグナルの種類やgid、ホスト名などが記録されています（図11.3）。

▌図11.3　core dumpの拡張属性例

```
$ getfattr -d core.gnome-shell.1000.a6601283e3ca4854b355f8b79658e2ec.4496.⏎
1641379238000000.zst
# file: core.gnome-shell.1000.a6601283e3ca4854b355f8b79658e2ec.4496.⏎
1641379238000000.zst
user.coredump.comm="gnome-shell"
user.coredump.exe="/usr/bin/gnome-shell"
user.coredump.gid="1000"
user.coredump.hostname="turtle"
user.coredump.pid="4496"
user.coredump.rlimit="18446744073709551615"
user.coredump.signal="11"
user.coredump.timestamp="1641379238000000"
user.coredump.uid="1000"
```

11

11.8 ## デバッグ作業での利用

　典型的な開発／デバッグ時には、最新のcore dumpに対してデバッガを起動したいケースがほとんどです。このような場合は`coredumpctl debug`と実行すると、最新のcore dumpを展開してgdb（GNUデバッガ）に引数として与えます。

　デフォルトはgdbですが、ほかのデバッガを利用したい場合にはオプション`--debugger`や環境変数SYSTEMD_DEBUGGERで指定できます。

　`coredumpctl debug`の引数としてPIDなどを指定すれば、最新以外のcore dumpも扱えます。

　systemd-coredumpとは直接関係しないのですが、最近のFedoraなどではdebuginfod[注8]を利用できるので、パッケージに含まれるバイナリについては、上記コマンドを実行すると、自動的に必要なデバッグ情報をダウンロードしてソースコードレベルのデバッグを実行できます。自作プログラムのデバッグ時にも独自にdebuginfodを構築することで同じしくみを利用できます。

　別のサーバやほかの人にcore dumpを送付したい場合には、`coredumpctl dump 4496 --output=mycorefile`のように実行して出力されるファイルを送付します。

11.9 ## コンテナ内プロセスのcore dump

　最近はコンテナの中でプログラムを実行することも多くなっています。この場合のcore dump出力はどうなるのでしょうか？

　まず、/proc/sys/kernel/core_patternはコンテナで利用されるnamespaceで切り分けされずシステム全体で共通です。そのため、ホストでもコンテナ内でも同じ設定が利用されます。次に、core_patternで"|"文字を使って実行ファイルが設定されている状態でcore dumpを出力する場合には、常にホストのnamespaceで実行されます。そのため、コンテナ内のプログラムが異常終了した場合にも、ホスト側の/var/lib/systemd/coredump以下にcore dumpが作成されます。

注8　デバッグ情報をパッケージとしてあらかじめインストールするのではなく、必要になったタイミングでネットワークから取得するしくみ。
　　　https://rheb.hatenablog.com/entry/introducing-debuginfod

11.10　systemd-coredumpの無効化

　systemd-coredumpを無効化したい場合にもいくつかバリエーションがあります。前述のとおりsystemd-coredumpは、/usr/lib/sysctl.d/50-coredump.conf内で「kernel.core_pattern=……」という行で有効化されています。実施したい内容によりこれを上書きするか、systemd-coredumpの設定を変更するかが変わります。

　core dumpをまったく出力させたくない場合は、/etc/sysctl.d/99-coredump-disable.confのようなファイルを作成し、「kernel.core_pattern=|/bin/false」のように設定します。すべてのcore dump出力は単に無視されるようになります。

　systemd-coredumpが動作しないLinuxのデフォルトの動作に戻したい場合は、同じく/etc/sysctl.d/99-coredump-disable.confのようなファイルを作成し、「kernel.core_pattern=core」のように設定してsystemd-coredumpがないときの状態に戻します。

　systemd環境ではulimitによるcore dumpサイズの最大値がデフォルトで無制限になっています[注9]ので、サービスからのcore dump出力を抑制したい場合には/etc/systemd/system.conf内でDefaultLimitCOREを設定します。

　/var/lib/systemd/coredump/以下にcore dumpファイルは保存しないが、journalへの記録だけを行いたい場合には、/etc/systemd/coredump.conf内でStorage=noneを指定します。バックトレース取得のためcore dumpが一時的に書き出されますが、その後すぐに削除されます。

11

注9　RHEL 8 および 9 では Soft Limit が 0 になっています。

▼ Column

XFS speculative preallocation と systemd-coredump

RHELのデフォルトのファイルシステムであるXFSはspeculative preallocationという機能を持っています。これはファイルのフラグメント発生を予防するために、ファイル末尾以降のまだ利用されていない領域をあらかじめ確保して一定時間（デフォルトでは300秒）後に解放します。

systemd-coredumpでcore dumpを作成するとき、この機能により実際の容量よりも大きな容量を一時的に確保します。その結果、KeepFreeによる上限に触れて過去のcore dumpが自動的に削除される場合があります。

動作が細かくわかっていないプログラムについてcore dumpがどの程度の容量になるかを予測するのは難しいですが、このような背景があるため、動作の詳細がわかっている場合にも実際よりも容量を大きく見積もるほうが安全です。

systemd-logind、
pam_systemd

12.1 セッションを管理する systemd-logind、pam_systemd

　本章は systemd でセッションを管理する systemd-logind（以下、logind）と、pam_systemd について紹介します。関連する man pages は、systemd-logind.service（8）、loginctl（1）、pam_systemd（8）、systemd-inhibit（1）、logind.conf（5）です。

12.2 Virtual Console とハードウェア管理

　Virtual Console[注1] は Linux カーネルの機能で、入出力を行うコンソールをソフトウェア的に実現したものです。標準的な PC ハードウェアに接続されているグラフィックスデバイスやキーボードを利用して、（シリアルケーブルで接続するシリアルコンソールのような別の機械ではない）仮想的なコンソールを作ります。

　Virtual Console は複数利用でき、それぞれの Virtual Console は互いに独立しています。たとえば、それぞれに別のユーザーがログインして利用できます。logind のデフォルト設定では6つの Virtual Console が設定されます。Virtual Console は複数設定できますが、1つだけが有効です。Alt + F2 のようなキー入力により切り替えを行います。

　ここで Virtual Console に明示的に対応づけられていないハードウェアを管理する必要が出てきます。具体的には電源ボタンやサウンドカード、DVD ドライブや Web カメラなどです。典型的には有効なコンソールを利用しているユーザーだけがこれらのデバイスへアクセスできるようにしたいです。RHEL 6 以前のバージョンでは、この処理は ConsoleKit[注2] が行っていましたが、RHEL 7 以降では logind が行います。

注1　Virtual Terminal とも呼ばれます。logind.conf 内での VT は Virtual Console のことを指します。
注2　https://www.freedesktop.org/wiki/Software/ConsoleKit/

12.3 マルチシート

次に、多くの方は馴染みがないであろうマルチシート[注3]を紹介します。これは1台のコンピュータに複数のキーボード、マウス、ディスプレイなどのセットを接続して、1台のコンピュータで複数人が同時に独立してコンピュータを利用する利用方法です。マルチシートへの対応をするため、logindではLinuxカーネルにはない「シート」という概念を導入しています。

■ シート、セッション、ユーザーの関係

logindのセッション管理で利用する言葉を定義します。

「シート（seat）」は、1つの作業環境に対応するグラフィックスデバイス、入力デバイス、サウンドカードなどのハードウェア群です。"seat0"はどのようなシステムでも常に存在するデフォルトのシートです。複数のシートを扱う場合、`loginctl attach`コマンドでシートとハードウェアを対応づけします。シートには1つ以上のグラフィックスデバイスが必須です。

「セッション（session）」は、ユーザーがログインしてからログアウトするまでの期間を表す概念です。セッションは最大1つのシートに対応しますが、sshによる接続のように、シートに対応しないセッションもあります。複数のセッションが1つのシートに対応することもあります。このときシートに対応してアクティブなセッションは1つだけです。アクティブなセッションだけがシートに対応するハードウェアを利用できて、ほかのセッションは利用できません。

「ユーザー（user）」は、コンピュータを利用する人間です。1人のユーザーが複数のセッションを同時に利用できます。「マルチセッション（multi-session）」システムでは複数のセッションを同時に1つのシートに対応させることができ、セッションを切り替えて利用できます。「マルチシート（multi-seat）」システムは、複数のシートを提供して、それぞれのシートを別のユーザーが同時に独立して利用できます。Linux + systemdの環境は、マルチセッションかつマルチシートに対応します。

logindはセッションの管理、セッション切り替えに伴うデバイスの権限変更、マルチシートで必要となる新規シートの作成、シートへのデバイス割り当てなどの操作を行います。

注3 https://www.freedesktop.org/wiki/Software/systemd/multiseat/

12.4 systemd-logindの役割

logindは、おおまかに分けるとセッションと、sleepやshutdownを管理します（**図12.1**）。

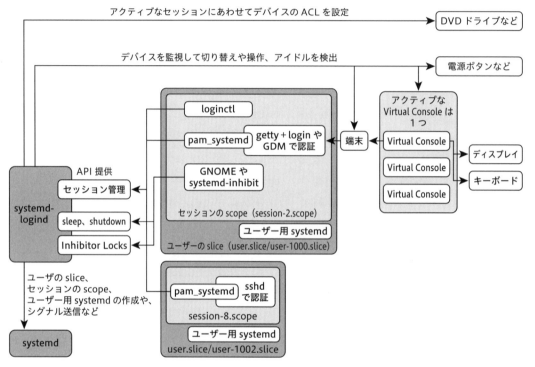

図12.1　systemd-logind概要図

logindはセッション、ユーザー、シートの対応関係を管理します。ログイン時にpam_systemdがlogindへ登録し必要に応じてセッションIDを生成します。第8章で紹介したuser.slice以下の、各ユーザーに対応するuser-UID.sliceと各セッションに対応するsession-セッションID.scopeの作成、ユーザー用systemdの起動、/run/user/UIDディレクトリの作成などを行います。

logindはシートに対応したアクティブなセッションを切り替えます。セッション切り替え時にはデバイスへのアクセス権限も変更します。

具体的にはVirtual ConsoleやGUIセッションの切り替えタイミングで、シートに対応づけられたハードウェアへのアクセス権限をアクティブなセッションのユーザーへ割り当て直します。DVDドライブを利用できる、Webカメラの操作ができるなど、シートに対応する周辺装置への

アクセス権限を ACL（Access Control List）により付与します。ログイン直後や端末切り替え時に ACL を設定するほかに、シートに対応した既存セッションがある状態で新規に追加したデバイスも処理します。udev（第9章）のルールで uaccess タグが付与されているデバイスだけがこの処理の対象となります。運用上のポリシーにより、一般ユーザーにはコンソール経由であってもデバイスを扱わせたくない場合には、対応するデバイスには uaccess タグを付与しないよう udev ルールを変更します。

Virtual Console が初めて表示されたタイミングでの getty[注4] の起動も、logind がイベントを検出して systemd へリクエストします。

logind は、電源スイッチなどのイベントを受け取り、sleep や shutdown の呼び出しをします。デフォルトでは何もしませんが、設定によりアイドル時間による sleep/shutdown などの自動アクションを設定できます。

アプリケーションの都合で sleep や shutdown をさせたくない場合や、sleep や shutdown の実施前に処理を行いたい場合があります。logind は、アプリケーションが sleep や shutdown を拒否したり、sleep や shutdown の実行前にプログラムを実行したりするための、Inhibitor Locks というしくみを提供しています（詳細は後述）。単純に sleep などを止めるだけでなく、logind が監視しているハードウェアの電源ボタンやスリープボタンのイベントを扱いたい場合にも、Inhibitor Locks を使ってアプリケーションが処理を行います。

logind は shutdown や sleep の API を提供します。たとえば、GNOME でサスペンドを実施するときは、logind が提供する API を利用しています。

12.5　セッションの作成

コンソールや ssh でユーザーがログインしたり、セッションに所属していないプログラムが su や runuser でユーザーを変更したりすることでセッションが作成されます。このとき図12.2のようなやりとりが行われます。

注4　端末を開いてログインプロンプトを表示するプログラム。ユーザー名が入力されると /bin/login を起動し認証を始めます。

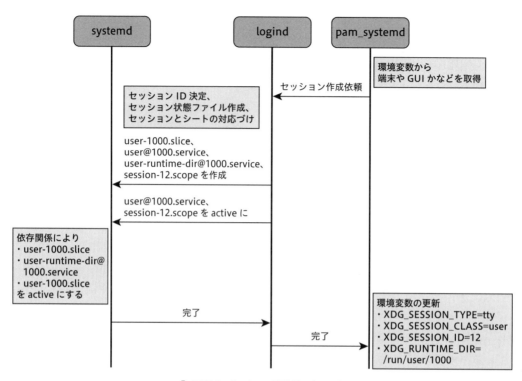

■ 図12.2　セッション開始時のlogind

　第8章にも登場しましたが、PAM[注5]でセッションを開始するときにpam_systemdが呼ばれます。pam_systemdは端末や接続元の情報とともに、logindへセッション作成を依頼します。logindはセッションIDを決定し、シート、セッション、ユーザーの対応づけを行います。logind内部で利用するセッション状態ファイル（/run/systemd/sessions/セッションID）を準備したのち、systemdへ関係するunitの作成とactive化を依頼します。これらが完了すると、pam_systemdは環境変数XDG_SESSION_IDなどを保存して成功します。

　シートの情報をどう決めるかは場合により異なり、GUI環境でディスプレイマネージャがある場合には、ディスプレイマネージャがデバイスからシートを検出し、pam_systemd経由でlogindへ伝えます。端末の場合には端末のデバイスからlogindがシートを検出し、pam_systemdへ伝えます。グラフィックスデバイスが関係しないssh経由のログインなどではセッションにシートが割り当てされません。

注5　Pluggable Authentication Modules の略。PAM は、アカウント管理、認証、パスワード管理、セッション管理についての各種のしくみをダイナミッククリンクライブラリとして実装し、管理者の設定により差し替えおよび変更できるようにします。

12.6 セッションへの操作

`loginctl` コマンドにより、セッションの状態確認や操作を行えます（**図12.3**）。

■ 図12.3　loginctl利用例

```
↓セッション一覧を表示
$ loginctl
SESSION  UID USER      SEAT   TTY
      2 1000 moriwaka  seat0  tty2
      5    0 root      seat0  tty3
      9 1000 moriwaka         pts/3

3 sessions listed.

↓セッションの属性を表示
$ loginctl show-session 2|egrep 'Type|Service'
Service=gdm-password
Type=x11

↓セッションに対応するunit(この例ではsession-2.scope)の状態を表示
$ loginctl session-status 2
2 - moriwaka (1000)
           Since: Fri 2022-04-01 08:54:17 JST; 6 days ago
          Leader: 3341 (gdm-session-wor)
            Seat: seat0; vc2
             TTY: tty2
         Service: gdm-password; type x11; class user
           State: active
            Unit: session-2.scope
                  ├─ 3341 "gdm-session-worker [pam/gdm-password]"
                  ├─ 3379 /usr/bin/gnome-keyring-daemon --daemonize --login
                  ├─ 3413 /usr/libexec/gdm-x-session --run-script /usr/bin/⏎
gnome-session
                  ├─ 3416 /usr/libexec/Xorg vt2 -displayfd 3 -auth /run/user/1000/(略)
                  ├─ 3506 /usr/libexec/gnome-session-binary
                  ├─ 3549 /usr/bin/ssh-agent /bin/sh -c "exec -l /bin/bash -c(略)
                  └─47324 /usr/bin/ssh-agent -D -a /run/user/1000/keyring/.ssh

Apr 07 19:27:37 turtle /usr/libexec/gdm-x-session[3416]: (EE) event8 ⏎
- USB-HID Keyboard: client bug: event processing lagging behind by 12ms, ⏎
your system is too slow
Apr 07 19:31:36 turtle /usr/libexec/gdm-x-session[3416]: (EE) event2 ⏎
- USB-HID Keyboard: client bug: event processing lagging behind by 25ms, ⏎
```

12

```
your system is too slow
(..略..)

↓セッションに属するプロセスをkillしてリソースを解放
$ loginctl terminate-session 9
```

　セッションに属するプロセスの停止とリソース解放、特定ユーザーまたはシートに属するセッションの停止、GUIセッションのロック／アンロック、アクティブなセッションの切り替えなどを行えます。

12.7　sleep/shutdown管理

　実際のsleep処理はsystemd-sleepが行いますが、その呼び出しについての管理はlogindの仕事です。logindは全セッションについて、それぞれのアイドル時間[注6]を追跡します。この追跡はデスクトップ環境でのセッションマネージャや、仮想端末のatime[注7]を利用して行われます。このアイドル時間を基にlogindは設定に従い自動sleepなどを実行する（デフォルトでは無視します）ほか、物理的なスリープボタンや電源ボタンなどの押下を監視してsleepやshutdownを実行したり、GNOMEなどのデスクトップ環境から利用するAPIを提供したりします。

Inhibitor Locks

　logindで管理しているsleep/shutdownについてInhibitor LocksというAPIを提供しています。logindが実際にsleepやshutdownをリクエストする前に、Inhibitor Locksで指定されたアプリケーションの処理を実行します。Inhibitor Locksには拒否（block）と遅延（delay）の2種類のモードがあります。拒否（block）ではアプリケーションの処理が成功するまで待ち、もし失敗すればsleepやshutdownは実行されません。遅延（delay）ではタイムアウトまでの期間に実行が終了しなければsleepなどが実行されます。

　systemd-inhibitコマンドで現在登録されているInhibitor Locksを一覧できます。図12.4の例ではsleepを実行する前にネットワークを切断したいNetworkManagerや、独自に電源キーなどを処理したいGNOME Settings Daemonが登録されている様子がわかります。

注6　シートでのキーボード、マウスなどの操作またはセッションに対応する端末の入出力がない期間。
注7　最終アクセス時刻。

▌図12.4　アプリケーションが登録したInhibitor Locksを一覧する

```
$ systemd-inhibit
WHO             UID  USER     PID  COMM             WHAT
ModemManager    0    root     1468 ModemManager     sleep
NetworkManager  0    root     1489 NetworkManager   sleep
UPower          0    root     1410 upowerd          sleep
GNOME Shell     1000 moriwaka 4413 gnome-shell      sleep
moriwaka        1000 moriwaka 4702 gsd-power        handle-lid-switch
moriwaka        1000 moriwaka 4696 gsd-media-keys   handle-power-key:(略)
moriwaka        1000 moriwaka 4696 gsd-media-keys   sleep
moriwaka        1000 moriwaka 4702 gsd-power        sleep

8 inhibitors listed.
```

下の段に続く

上の段の続き

```
WHY                                                          MODE
ModemManager needs to reset devices                          delay
NetworkManager needs to turn off networks                    delay
Pause device polling                                         delay
GNOME needs to lock the screen                               delay
External monitor attached or configuration changed recently  block
GNOME handling keypresses                                    block
GNOME handling keypresses                                    delay
GNOME needs to lock the screen                               delay
```

　シェルスクリプトなどからも systemd-inhibit コマンドを使うことで、Inhivitor Locksを利用できます。たとえば、CD-Rへの書き込みコマンドを次のように実行すると、ほかのプログラムや電源ボタン押下イベントにより sleep や shutdown がリクエストされた場合にも完了を待たせることができます。

```
# systemd-inhibit wodim foobar.iso
```

　systemctl suspend のような systemctl のサブコマンドは、デフォルトでは Inhibitor Locks を考慮して、非対話セッションでは Inhibitor Locks を無視します。明示的に --check-inhibitors= オプションを指定して動作を指定できます。

　サーバ用途などでこれらの sleep、suspend などを実行したくない場合、対応する systemd unit を mask することで利用を完全に禁止することができます。次のようなコマンドで実行します。systemd.special 内で sleep.target を呼び出すと、記述があるため必要な target unit がわかります。

12

```
# systemctl mask sleep.target suspend.target hibernate.target hybrid-sleep.target ⮐
suspend-then-hibernate.target
```

12.8　セッションの終了

　セッション終了はpam_systemdが呼び出されて検出されるほか、セッションに対応するscope
のプロセスがすべて終了する、pam_systemdが含まれるプロセスが終了するなどのイベントで
検出されます。

　logindではセッション終了のタイミングで、セッションに関連したプロセスをすべて終了させ
る動作と、終了させずプロセスを維持する動作を選択できます。デフォルトではセッション終了
だけを行い、プロセス終了は行いません。この動作はlinger[注8]と呼ばれます。そのため、セッショ
ンに対応づけられたscope unitはセッション終了後もプロセスが存在していれば維持されます。

　セッションに関連したプロセスをすべて終了させる動作は、キオスク端末やインターネットカ
フェのような利用形態では便利に利用できますが、従来のUNIX的な動作を期待している一部の
アプリケーションはうまく動作しなくなります。具体的にはnohup、screen、tmuxのような、一
般ユーザーの権限で起動するセッション終了後もバックグラウンドで動作し続けてほしいサー
ビスがこれに該当します。

　lingerについては全体の動作をlogind.conf内のKillUserProcessesで設定でき、loginctl
enable-lingerやloginctl disable-lingerコマンドによりユーザー単位で例外を設定できます。

注8　直訳すると「長居する、いつまでも残る」といった意味です。

systemd-tmpfiles、
systemd-sysusers

13.1　ファイルの自動作成／削除、アカウントの自動作成

　本章はファイルの自動作成／削除を行う systemd-tmpfiles と、アカウントの自動作成を行う systemd-sysusers を紹介します。

　これらは、/var および /etc を単純に削除してシステムを起動できるようにする「ファクトリーリセット」を実現するための基盤として導入されました[注1]。関連する man pages は systemd-tmpfiles（8）、tmpfiles.d（5）、systemd-sysusers（8）、sysusers.d（5）です。

13.2　systemd-tmpfiles コマンド

　システムにはファイルシステム上に永続的に保持されるファイル以外に、キャッシュのように一時的に利用されたのちに不要になるファイルや、システム再起動ごとに自動作成するファイルがあります。systemd-tmpfiles は設定に従ってファイルやディレクトリの作成／削除／クリーンアップを行うコマンドです。どのファイルをどう扱うべきかの設定はパッケージやディストリビューションとともに提供されるほか、管理者が追加／変更できます。

　通常は管理者が直接 systemd-tmpfiles コマンドを実行することはなく、専用の service unit（後述の表13.1）により、システム起動時および1日1回定期的に自動実行します。そのほかにパッケージのインストール時にも、systemd-tmpfiles コマンドが実行されます。

13.3　systemd-tmpfiles の用途

　まずは systemd-tmpfiles の具体的な用途を見てみましょう。リスト13.1に対応する設定例を示します（設定の見方は後述します）。

注1　http://0pointer.de/blog/projects/stateless.html

▌ リスト13.1　systemd-tmpfiles の用途と設定例

```
(1)ファイルの作成と権限設定
↓キャラクタデバイス/dev/lp0をモード0660、ユーザーroot、グループlpで作成する。メジャー番号6、マイナー番号0
c /dev/lp0 0660 root lp - 6:0
↓ファイル/run/motdを作成する
f /run/motd 0644 root root -
↓ファイル/var/log/wtmpを作成する
f /var/log/wtmp 0664 root utmp -
↓ファイル/dev/kvmのモードを0666にし、SELinuxコンテキストのリストアを行う
z /dev/kvm 0666 - kvm -
↓/run/log/journal/<machine-id>/*.journal*にACLを設定する
a+ /run/log/journal/%m/*.journal* - - - - group:adm:r--,group:wheel:r--

(2)システム起動直後に不要ファイルを削除
↓起動時に/forcefsckを削除する
r! /forcefsck
↓起動時に/tmp/.X[0-9]*-lockを削除する
r! /tmp/.X[0-9]*-lock

(3)作業用ディレクトリの初期化
↓ディレクトリ/run/cupsを作成する。モードは0755、ユーザーはroot、groupはlp
d /run/cups 0755 root lp -
↓ディレクトリ/run/sudoを作成する
d /run/sudo 0711 root root
↓起動時にだけ/run/podmanを作成し、中のファイルやディレクトリを削除する
D! /run/podman 0700 root root

(4)一時ファイルのクリーンアップと除外設定
↓ディレクトリまたはsubvolume /tmpを作成する。すべてのタイムスタンプが10日以上前のファイルはクリーンアップ対象
q /tmp 1777 root root 10d
↓ディレクトリまたはsubvolume /var/tmpを作成する。すべてのタイムスタンプが30日以上前のファイルはクリーンアップ対象
q /var/tmp 1777 root root 30d
↓ディレクトリ/var/tmp/abrtを作成する。Ageが設定されていないのでクリーンアップ対象外
d /var/tmp/abrt 0755 abrt abrt -
↓/tmp/systemd-private-<boot ID>-*はクリーンアップ対象外
x /tmp/systemd-private-%b-*
```

13

▰ ファイルの作成と権限設定

　デバイスに対応するデバイスファイルの多くは、devtmpfsとudevにより作成されます（第9章）が、lp0のようにデバイスの有無によらずに作成するデバイスファイルは、`systemd-tmpfiles`で作成する場合もあります。そのほかにもファイル、ディレクトリ、シンボリックリンクの作成、拡張属性およびACL（Access Control List）の設定も行います。

▤ システム起動直後に不要ファイルを削除

/varや/tmp[注2]以下に残っているPIDファイルやロックファイル、キャッシュファイルなどを削除します。systemd-tmpfilesはシステム起動時に、/のマウントよりあと、通常のサービス起動が開始されるsysinit.targetよりも先に実行されるため、動作中のサービスが利用しているファイルを誤って削除する恐れがありません。

▤ 作業用ディレクトリの初期化

/var/lib/サービス名や/run/サービス名の作成／権限設定／ディレクトリ内全ファイルの削除などを行います。起動ごとにsystemd-tmpfilesで初期化することで、一般のユーザーがアクセスできないことや、何らかのファイルが残っていないことを保証しつつ、システム稼働中のサービス再起動時にはファイルを消さないようにできます。このようなディレクトリはしばしば攻撃経路として利用されるためセキュリティ上も重要です。

▤ 一時ファイルのクリーンアップと除外設定

/tmpなどに一時的に利用するファイルを作成して、そのまま放置されることがあります。systemd-tmpfilesのデフォルトにおいては、/tmpでは10日間、/var/tmpでは30日間アクセスがないファイルはクリーンアップ対象となり削除されます。クリーンアップの対象から外したいファイルやディレクトリについて、一部のファイルを除外する指定も行えます。

13.4 systemd-tmpfilesのservice

systemd-tmpfilesを実行するservice unitは3つあります（**表13.1**）。

起動プロセス中にsystemd-tmpfiles-setup-dev.serviceおよびsystemd-tmpfiles-setup.serviceが実行されます。systemd-tmpfiles-clean.serviceは起動15分後およびその後1日おきに実行され、後述のAge指定によるクリーンアップ処理だけを行います。それぞれのservice unitごとにsystemd-tmpfilesのオプションが異なっていて、次節で説明する設定のうち何を実行するかが変わります。たとえば、ファイルの削除はsystemd-tmpfiles-setup.serviceでだけ実行されます。

注2　典型的にはtmpfsが利用されますが、ファイルシステム上に作成され永続化されている場合もあります。

表13.1 systemd-tmpfilesに関連するservice

service unit名	systemd-tmpfilesオプション	説明
systemd-tmpfiles-setup-dev	--prefix=/dev --create --boot	システム起動中に呼び出される。/dev/内にファイルを作成する。/devはinitramfs中で必要になるため、別のserviceに分けられている。
systemd-tmpfiles-setup	--create --remove --boot --exclude-prefix=/dev	システム起動中に呼び出される。/dev/以外のファイル作成／削除／属性設定を行う。initramfsではなくターゲットOSの/がマウントされたあとに実行される。
systemd-tmpfiles-clean	--clean	クリーンアップ処理を行う。システム起動から15分後、その後1日に1回呼び出される。

13.5 systemd-tmpfilesの設定

systemd-tmpfilesの設定は、システム全体で1つです。設定は**表13.2**の3ヵ所にある複数の設定ファイルをまとめたものです[注3]。

表13.2 設定ファイルの場所と役割

設定ファイルの場所	役割
/etc/tmpfiles.d/*.conf	ローカル管理者用設定
/run/tmpfiles.d/*.conf	自動生成される設定
/usr/lib/tmpfiles.d/*.conf	ディストリビューションやパッケージによる設定

現在の設定を確認するには、systemd-tmpfiles --cat-configと実行します。各ファイルの先頭に"# ファイル名"と表示され、そのあと内容を繰り返し表示します（**図13.1**）。

図13.1 systemd-tmpfilesの設定確認

```
$ systemd-tmpfiles --cat-config
# /usr/lib/tmpfiles.d/cockpit-tempfiles.conf
C /run/cockpit/inactive.motd 0640 root wheel - /usr/share/cockpit/motd/inactive.motd
f /run/cockpit/active.motd   0640 root wheel -
L+ /run/cockpit/motd - - - - inactive.motd

# /usr/lib/tmpfiles.d/colord.conf
d /var/lib/colord 0755 colord colord
d /var/lib/colord/icc 0755 colord colord
Z /var/lib/colord 0755 colord colord
```

13

注3　本章では、各ユーザー用のsystemdが利用する設定は省略します。ユーザー用の設定についてはtmpfiles.d（5）をご確認ください。

```
# /usr/lib/tmpfiles.d/credstore.conf
#  This file is part of systemd.
#
#  systemd is free software; you can redistribute it and/or modify it
#  under the terms of the GNU Lesser General Public License as published by
#  the Free Software Foundation; either version 2.1 of the License, or
#  (at your option) any later version.

# See tmpfiles.d(5) for details

d /etc/credstore 0000 root root
d /etc/credstore.encrypted 0000 root root
z /run/credstore 0000 root root
(..略..)
```

　各ファイル名は辞書順に参照され、同一ファイル名であればunit fileのようにオーバーライドが行われます。オーバーライドの優先度は/etcが一番優先され、/run、/usr/libと続きます。たとえば、systemdがデフォルトで定義している/tmpの削除までの期間を変更したい場合には、/usr/lib/tmpfiles.d/tmp.confを/etc/tmpfiles.d/tmp.confに同名でコピーしたうえで必要箇所を編集することでファイル単位で変更できます。

　競合する指定がある場合は、最初に登場した適用可能な行だけが適用され、そのあとで登場した競合する行についてはエラーがログ出力されます。オーバーライドを使わずに設定変更しようとした場合や、互いに競合する設定を含むパッケージをインストールした場合に競合が発生します。

▚ 設定ファイルの内容

　設定ファイルの内容は、リスト13.1や図13.1のように1行で1項目ずつ、空白文字で区切られた最大7カラムでの指定を行います。カラムは順にType、Path、Mode、User、Group、Age、Argumentです。設定しない、またはできないものは"-"と指定するか、後続のカラムもすべて利用しない場合には省略できます。

　Typeはファイルやディレクトリへの操作の種類を示します。1～2文字の符号に、次のオプション文字をつなげたものです（表13.3）。

- ！：起動時にだけ実行する。
- −：失敗してもsystemd-tmpfilesコマンドの実行結果には影響させない。
- ＝：ファイルやタイプが指定と異なる場合に削除して再作成する。このとき親ディレクトリも再作成の対象とする。

▌表13.3 systemd-tmpfilesのよく利用されるType

Type	説明
d	Pathがなければディレクトリを作成し、mode、user、groupを設定する。（Age指定時）一定期間以上未使用のファイルはクリーンアップ対象となる。
d-	dと同じだが、"-"が指定されているのでディレクトリの作成に失敗してもsystemd-tmpfilesの失敗とみなされない。
D	dと似ているが、--removeオプション指定時に全コンテンツを削除する。つまりシステム起動時に内容が消去される。
D!	Dと同じだが、"!"が指定されているので--bootオプション指定時にしか適用されない。
q	dに似ているが、ファイルシステムがbtrfsで/がsubvolumeの場合、ディレクトリではなくsubvolumeを作成する。作成したsubvolumeは親と同じquota groupに所属する。
z	user、group、modeの設定、SELinuxコンテキストのリストアを行う。
a	POSIX ACLを設定する。
c	キャラクタデバイスノードを作成する。
f	ファイルがなければファイルを作成する。Argumentにファイルの内容を記述すると書き込まれる。
f+	ファイルがなければfと同じ。ファイルがある場合、ファイルを空にしてArgumentで指定した値の内容を書き込む。
L	存在していなければシンボリックリンクを作成する。
L+	同名のファイルが存在する場合、削除したうえでシンボリックリンクを作成する。
x	クリーンアップの対象外を指定する。Pathがディレクトリの場合、指定ディレクトリ以下は再帰的にクリーンアップの対象外となる。
X	クリーンアップの対象外を指定する。再帰的な適用はされない。

　符号の命名には一貫したルールがないため、大小文字や"+"が付いた場合の動作は推測せずに都度man tmpfiles.dを確認するのが安全です。

　Pathは対象となる絶対パスです。一部のTypeではglob[注4]が利用できます。

　Mode、User、Groupはそれぞれ対象となるファイルやディレクトリに設定するモード、ユーザー、グループです。

　Ageはsystemd-tmpfiles-clean.serviceからの呼び出し時に利用され、ここで指定した期間以上利用されていないファイルを削除します。RHEL 9以降では、対象ファイルのタイムスタンプのうちどの種類を利用するかもこのカラムで設定できます。

　Argumentは、Typeが"f"であればファイルの内容、"L"であればシンボリックリンクのリンク先、"a"であればACLの内容といったように、Typeにより用途が異なります。

　設定を行う場合には、`systemd-tmpfiles --remove --create --clean`コマンドが任意のタイミングで実行され得ることを想定して設定を行います。システム稼働中には実行されたくない、システム起動時にのみ実行させたい行にはTypeに"!"を付けます。

13

注4　*や?を利用したファイル名またはディレクトリ名へのパターンマッチ。

13.6 systemd-tmpfilesでできないこと

`systemd-tmpfiles`はさまざまな処理ができますが、明確に不向きなケースもあります。

システム起動の早いタイミングで実行されるため、一般にネットワーク接続を前提にできません。そのため、LDAP（Lightweight Directory Access Protocol）やActive Directoryなどで管理されているUID、GIDを参照できません。必要な場合にはローカルファイルシステム上の/etc/passwdなどに同一ユーザー、グループを作成します。同じ理由でNFS（Network File System）上のファイル操作もできません。

クリーンアップ処理はシンプルな条件だけを扱います。たとえば、「1つのディレクトリ内にログとその他の任意のファイルがある中で、ファイル名のパターンでログだけを検出してクリーンアップの対象にしたい」といった条件は指定できません。複雑な条件が必要な場合は`systemd-tmpfiles`ではなく、`find`コマンドなどを利用して代替します。

13.7 systemd-sysusers コマンド

rpmやdebなどのパッケージをインストールするときに、もしまだ存在していなければ、必要なユーザーやグループの作成を行います。このしくみをディストリビューションから独立して実装し、必要に応じて管理者がオーバーライドできるようにしたものが`systemd-sysusers`コマンドです。RHEL 9やFedora 37にこのコマンドは存在するのですが、rpmパッケージにより採用しているものと採用していないものがあり統一されていません。

リスト13.2のような設定ファイル群（設定の見方は後述します）をあらかじめ記述しておき、`systemd-sysusers`コマンドを実行すると、設定ファイルの内容に従ってまだ存在しないユーザーやグループ、メンバーシップがあれば自動作成します。

▎ リスト13.2　sysusersの設定例

```
#Type Name       ID               GECOS              Home directory Shell
u     httpd      404              "HTTP User"
u     _authd     /usr/bin/authd "Authorization user"
u     postgres   -                "Postgresql Database" /var/lib/pgsql /usr/libexec/⬎
postgresdb
g     input      -                -
m     _authd     input
u     root       0                "Superuser"        /root           /bin/zsh
```

　グループへのメンバーの追加を例外として、すでに存在するユーザーやグループに対する変更
は行いません。

　systemd-sysusersは既存ユーザーのパスワードやシェルを変更する機能を持っておらず[注5]、
LDAPやNIS（Network Information Service）などにも対応しないので、人間に対応するユー
ザーやグループの作成／管理には向きません。システムやパッケージで提供されるソフトウェア
に必要なユーザーやグループを作成するための機能です。

　systemd-sysusersはパッケージのインストール時や、システムやコンテナ起動のタイミング
で実行されることを想定しています。ただし、少なくともRHEL 9、Fedora 37、Debian 11では、
パッケージインストール時には直接利用されずに同等の処理が行われます（**図13.2**）。

▎ 図13.2　Fedora 37でのパッケージインストール時のユーザー、グループ作成例

```
$ rpm -q --scripts dnsmasq
(..略..)
getent group 'dnsmasq' >/dev/null || groupadd -r 'dnsmasq' || :
getent passwd 'dnsmasq' >/dev/null || \
useradd -r -g 'dnsmasq' -d '/var/lib/dnsmasq' -s '/usr/sbin/nologin' -c ⬎
'Dnsmasq DHCP and DNS server' 'dnsmasq' || :
(..略..)
```

　システムやコンテナの起動時には、systemd-sysusers.serviceで**systemd-sysusers**コマンド
を実行します。systemd-sysusers.serviceもsystemd-tmpfiles-setup.serviceと同じく、一般的な
サービスが起動し始める契機となるsysinit.targetより前に実行されます。

13

注5　　永続的な設定はできませんが、systemd のクレデンシャル管理（https://systemd.io/CREDENTIALS/）を経由した一時的な設定が可能です。

13.8 systemd-sysusers の設定

　systemd-sysusers の設定（**図13.3**）も、systemd-tmpfiles の設定と同様に複数カラム形式で、ディレクトリ名を利用したオーバーライドのしくみも利用できます。

▌ 図13.3　systemd-sysusers の設定確認

```
$ systemd-sysusers --cat-config
# /usr/lib/sysusers.d/20-setup-groups.conf
g root 0
g bin 1
g daemon 2
g sys 3
(..略..)
g lock 54
g audio 63
g users 100
g nobody 65534

# /usr/lib/sysusers.d/20-setup-users.conf
u root 0:0 "Super User" /root /bin/bash
u bin 1:1 "bin" /bin -
u daemon 2:2 "daemon" /sbin -
u adm 3:4 "adm" /var/adm -
u lp 4:7 "lp" /var/spool/lpd -
u sync 5:0 "sync" /sbin /bin/sync
(..略..)
```

　設定は次の3ヵ所にあります。これも /etc 以下が最も優先度が高く、/run、/usr/lib と続きます。

- /etc/sysusers.d/*.conf
- /run/sysusers.d/*.conf
- /usr/lib/sysusers.d/*.conf

　ファイル名は「パッケージ名.conf」、または「パッケージ名-パーツ名.conf」が推奨されます。

　現在の設定内容を確認するには、`systemd-sysusers --cat-config`と実行します（前述の**図13.3**）。カラムは Type、名前、ID、GECOS[注6]、ホームディレクトリ、Shell の順です。

　Type は`systemd-sysusers`特有のもので、**表13.4**にある4種類です。

▌ 表13.4　systemd-sysusers の Type

Type	説明
u	存在していなければ、指定した名前のユーザーおよび同一名のグループを作成する。ユーザーのプライマリグループは同一名のグループになる。ログインは無効化される。
g	存在していなければ、指定した名前のグループを作成する。
m	ユーザーをグループのメンバーに追加する。名前のカラムにユーザー名、ID カラムにグループ名を記述する。ユーザーとグループのどちらも存在していなければ作成される。
r	ID カラムで「下限 - 上限」のフォーマットで指定した UID、GID をシステムユーザーで利用可能な ID プールに追加する。

　名前は作成されるユーザーまたはグループの名前です。Type が "r" の場合は "-" を書いて省略します。ID は数値で直接 UID、GID を指定するほか、絶対パスでファイル名を指定することで、そのファイルの UID または GID を指定できます。省略した場合、未使用の ID が自動的に割り当てされます。Type が "u" の場合、「200:180」のようにコロン（:）で区切って UID と GID を記述でききます。

　GECOS はダブルクォート（"）で囲まれた文字列で、/etc/passwd の GECOS フィールドにそのまま記載されます。

　ホームディレクトリは任意のパスを指定できますが、ディレクトリそのものは作成されません。作成が必要な場合は`systemd-tmpfiles`でディレクトリを作成できます。

　Shell はログインシェルで、デフォルトでは /usr/sbin/nologin になります。

13.9　systemd-sysusers のオーバーライド

　`systemd-sysusers`の設定のオーバーライドは、パッケージのデフォルトでは動的に決まる UID、GID を明示的に指定したい場合や、システム起動時のユーザーやグループの自動作成を抑制したい場合[注7]に行います。

注6　ユーザーについて説明する文字列を保存する /etc/passwd のフィールド。このフィールド名は UNIX 初期に GECOS という別 OS の ID 情報を保存したことに由来します。

注7　パッケージで必要なためユーザーを作成するので、通常ユーザーを作成しないこと、または削除することは勧められません。

　前述のとおり、多くのディストリビューションでsystemd-sysusersが直接利用されていないため、オーバーライドの利用には注意が必要です。次のような手順で行います。

① 対象のユーザーやグループが存在しないことを確認する。

② パッケージをインストールする前に、パッケージに含まれるfoo.confを置き換えるための/etc/sysusers.d/foo.confを作成する。

③ rootユーザー権限でsystemd-sysusersコマンドを実行する。設定に従いユーザーとグループの作成などが行われる。

④ パッケージのインストールを行う。

⑤ （オプション）不要なユーザーまたはグループが作成された場合は削除する。

　ユーザーやグループがすでに存在している場合、systemd-sysusersは何もしません。そのため、①の時点で作成したいユーザーやグループが存在しないことを確認します。④のパッケージインストール前に③であらかじめユーザーやグループを作成することで、systemd-sysusersの設定を優先させます。④のパッケージインストール時にはsystemd-sysusersが直接には利用されていないため、ユーザーやグループの作成を完全に避けることはできません。④で不要なユーザーやグループが作成された場合は、⑤のステップで削除が必要になります。オーバーライドを設定することで、削除したユーザーやグループがシステム起動時に再作成されなくなります。

## 第 14 章

D-Bus と polkit

14.1 D-Busとpolkit

本章ではsystemdの一部ではないのですが、関係が深いD-Busとpolkitについて紹介します。関連するman pagesは、busctl（1）、dbus-send（1）、polkit（8）、pkttyagent（1）です。

この章で頻出する「バス」と「パス」がまぎらわしいので、「Bus」と「Path」と表記します。

14.2 D-Busとは

D-Bus[注1]は、ネットワークを経由しない、1つのシステム内で利用されるプロセス間通信の一種です（**図14.1**）。

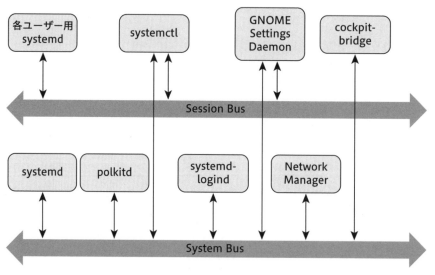

┃ 図14.1　D-Busイメージ図

GNOMEやKDEなどのデスクトップ環境を中心に利用されています。systemd内部でもD-Busは非常に幅広く利用されていて、必須となっています。たとえば、**systemctl**とsystemdの間の通信や、第12章で取り上げたpam_systemdとsystemd-logind間の通信もD-Busで行われています。

注1　　https://www.freedesktop.org/wiki/Software/dbus/

D-Bus の概念と基本用語

　D-Busについて、概要と基本的な用語を紹介します。D-Busは、「メッセージ」を「オブジェクト」に送るしくみです。メッセージはあらかじめ定義された名前と0個以上の引数を組み合わせたものです。オブジェクトはD-Busの中で使われる名前です。メッセージの種類は、METHOD_CALL、METHOD_RETURN、ERROR、SIGNALの4種類で、最初の3種類を使ってメソッドの呼び出しができ、SIGNALではあらかじめ受信登録した複数プロセスへの1対多の通知が行えます。

　図14.2はGUIでD-Busを操作できるD-Feet[注2]のスクリーンショットです。

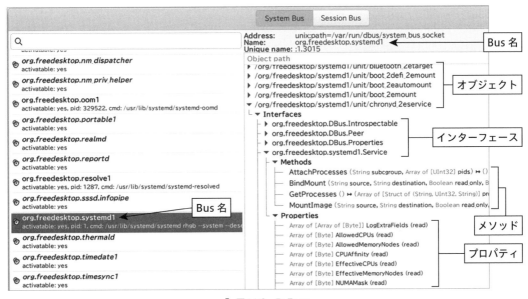

▌図14.2　D-Feet

　用語とその間の関係をこの画面に沿って紹介していきます。

　D-Busには"System Bus"というシステムサービスで利用するBusと、"Session Bus"という各ユーザーセッションで利用するBusがあります。通信相手のプロセスが利用しているBusを利用します。systemdやNetworkManagerなどのシステムサービスではSystem Busを利用し、デスクトップ環境の設定変更やコピー&ペーストなどではSession Busを利用します。

　Busには複数の「Bus名」が登録されています。Bus名はおおむねサービスに対応していて、**図14.2**の例ではsystemdが提供しているBus名 "org.freedesktop.systemd1" を参照しています。

注2　https://wiki.gnome.org/Apps/DFeet/

D-Bus 経由で何かしらのサービスを提供したいプログラムは、Bus 名を決めてあらかじめ D-Bus に登録しておきます[注3]。

　サービスの中には複数の「オブジェクト」が存在しています。オブジェクトは"/"区切りの Path として命名され、D-Feet の画面の右側のペインに並んでいる"/org/freedesktop/systemd1/unit/chronyd_2eservice"などがそれぞれのオブジェクトです。Path の先頭部分は、Bus 名の"."を"/"で置き換えた名前にする慣習です。

　オブジェクトは1つ以上の「インターフェース」を持ちます。インターフェースは、受け付けることができるメッセージの名前と型を定義しています。"/org/freedesktop/systemd1/unit/chronyd_2eservice"オブジェクトの例では、どのオブジェクトでも利用できる"org.freedesktop.DBus.Introspectable"や、systemd の service unit に対応するオブジェクトだけで利用できる"org.freedesktop.systemd1.Service"、systemd の unit すべてで利用できる"org.freedesktop.systemd1.Unit"のように複数のインターフェースを利用しています。

　インターフェースは1つ以上の「メソッド」を定義しています。D-Feet の画面中で Methods という表示のところにある"AttachProcesses"などがメソッドです。

　インターフェースには値を取得したり設定したりできる「プロパティ」も存在します[注4]。

　たとえば、「chronyd.service に所属するプロセスはどうなっているか」を systemd に問い合わせるには、「System Bus」の Bus 名「org.freedesktop.systemd1」に接続してオブジェクト「/org/freedesktop/systemd1/unit/chronyd_2eservice」へメソッド「org.freedesktop.systemd1.Service.GetProcesses」を送信すると、返信としてコマンドの内容が返ってきます（**図14.3**）。

▌図14.3　dbus-send コマンドによる情報取得例

```
$ dbus-send --print-reply --system --dest=org.freedesktop.systemd1 /org/freedesktop/
systemd1/unit/chronyd_2eservice --type=method_call org.freedesktop.systemd1.Service.
GetProcesses
method return time=1654159984.758699 sender=:1.3015 -> destination=:1.14906
serial=154715 reply_serial=2
   array [
      struct {
         string "/system.slice/chronyd.service"
         uint32 1363
         string "/usr/sbin/chronyd -F 2"
      }
   ]
```

注3　とくに命名していなくても、D-Bus に接続したクライアントすべてに ":" で始まるユニークな名前が付与されます。たとえば、メソッドを呼び出したときに戻り値を返せるのは、あらかじめ名前が与えられていて送信元の名前がわかっているためです。
注4　org.freedesktop.DBus.Properties.Get などのメッセージへの引数としてインターフェース名を渡す形で実現されています。

このメソッドはインターフェース「org.freedesktop.systemd1.Service」で定義されています。

以上のような枠組みで、D-BusはBus名によるサービスの検出／接続、機能の呼び出し、情報の取得や設定を実現しています。

D-BusでAPIを提供するには通信相手となるプロセスが必要です。そのため、ごくまれにしか利用されないサービスも、D-BusでAPIを提供するためにプロセスを常駐させる必要があります。このとき有用なのが、D-Bus Activationです。/usr/share/dbus-1/system-servicesなどのディレクトリに配置された設定（**リスト14.1**）に従って、systemdではなくD-BusデーモンがBus名を登録して待ち受けを行います。実際にBusへの通信が来ると、D-Busデーモンはsystemdのservice unitを起動します。明示的に指定があればそのunitを起動し、指定がなければ対応するプログラムを実行するための一時的なservice unitを作成して起動します。一時的なservice unitにはD-BusデーモンとBus名に対応したunit名（例：dbus-:1.2-org.freedesktop.portal.IBus@0.service）を設定します。

▌ リスト14.1　D-Bus Activationの設定例

```
# /usr/share/dbus-1/services/org.gtk.vfs.Daemon.service
[D-BUS Service]
Name=org.gtk.vfs.Daemon
Exec=/usr/libexec/gvfsd
SystemdService=gvfs-daemon.service
```

▼対応するservice unit

```
# /usr/lib/systemd/user/gvfs-daemon.service
[Unit]
Description=Virtual filesystem service
PartOf=graphical-session.target

[Service]
ExecStart=/usr/libexec/gvfsd
Type=dbus
BusName=org.gtk.vfs.Daemon
Slice=session.slice
```

14

14.3 busctl コマンド

　busctl は systemd に同梱されている D-Bus を閲覧および操作するコマンドです。オプションなしで起動すると Bus 名一覧を表示し、サブコマンドによってメソッドの呼び出しやプロパティの取得などを行えます。最終的な能力としては**図 14.3**で登場した **dbus-send** コマンド（などを提供する dbus-tools）とあまり変わりませんが、**busctl list** の表示で systemd の unit やセッションとの対応づけがあること、bash-completion でのタブ補完が利用できることと、コマンドの引数や出力がコンパクトである点が特徴です。**図 14.4** は利用例です。

▌図14.4　busctl list コマンドによる情報取得例

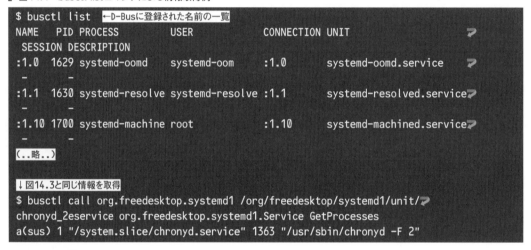

```
$ busctl list    ←D-Busに登録された名前の一覧
NAME    PID PROCESS        USER           CONNECTION UNIT
  SESSION DESCRIPTION
:1.0  1629 systemd-oomd    systemd-oom    :1.0        systemd-oomd.service
  -     -
:1.1  1630 systemd-resolve systemd-resolve :1.1       systemd-resolved.service
  -     -
:1.10 1700 systemd-machine root           :1.10       systemd-machined.service
  -     -
(..略..)

↓図14.3と同じ情報を取得
$ busctl call org.freedesktop.systemd1 /org/freedesktop/systemd1/unit/
chronyd_2eservice org.freedesktop.systemd1.Service GetProcesses
a(sus) 1 "/system.slice/chronyd.service" 1363 "/usr/sbin/chronyd -F 2"
```

14.4 polkit

　D-Bus でオブジェクトに対するメソッドの呼び出しやプロパティの読み書きができることはわかりました。この中で特権が必要な操作をメッセージで要求する場合に活躍するのが polkit[注5] です。

注5　https://gitlab.freedesktop.org/polkit/polkit　旧名は PolicyKit。

デスクトップ環境からネットワーク設定やストレージのマウントなどをGUIで実施するケースを考えてみます。NetworkManagerやUDisksといったサーバでD-BusのAPIを用意したうえで、一般ユーザー権限で動作するGUIアプリケーションからD-Bus経由で操作のリクエストを行います。サービス提供側はメッセージ送信元のプロセスの情報とメッセージおよび操作対象などから、メッセージで要求された操作を実施するか拒否するかを判断する必要があります。

送信元やメッセージが同じでも操作対象により方針は変わります。たとえば「デスクトップユーザーにrpm/debパッケージの導入を許可する」という場合に、すでに設定済みのリポジトリから信頼している鍵で署名されたパッケージのインストールを許可する場合と、任意のパッケージのインストールを許可する場合とは、別の方針で扱うべきでしょう。

ここでpolkitが登場します（**図14.5**）。

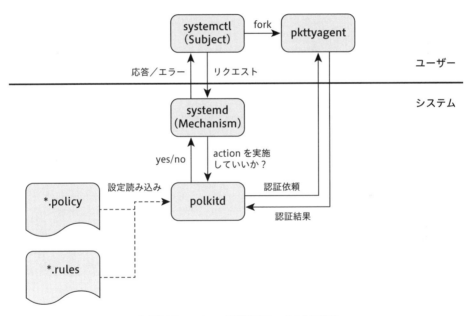

図14.5　systemctl利用時のpolkitとの連携

呼び出し元（Subject）がサービス（Mechanism）へメッセージを送信したとき、必要であればMechanismがpolkitdへ「action」とSubjectの情報を送り、実行可否を確認します。actionは認証が必要な操作に名前を付けたもので、Mechanismが独自に定義するものです。D-Busメッセージの種類と対応関係があるとは限らず、前述のパッケージインストールの例のように操作対象で決まることも多くあります。

　polkit では action の定義を /usr/share/polkit-1/actions/*.policy にある XML ファイル群から読み込みます。これらのファイルは Mechanism と同時に提供され、管理者による編集は推奨されません。polkit は Mechanism から action の実行可否について問い合わせを受けたときにこの設定から、必要であれば対応するセッション（Subject 情報からわかります）へ認証を要求し、アクセスの可否を判定して Mechanism へ返します。

　現在のシステムでどのような action が定義されているかは、コマンド `pkaction -v` で一覧できます（**図14.6**）。

▌図14.6　action 一覧の例

```
$ pkaction -v
com.endlessm.ParentalControls.AccountInfo.ChangeAny:
  description:       Change another user?s account info
  message:           Authentication is required to change another user?s account info.
  vendor:
  vendor_url:
  icon:
  implicit any:      auth_admin_keep
  implicit inactive: auth_admin_keep
  implicit active:   auth_admin_keep

com.endlessm.ParentalControls.AccountInfo.ChangeOwn:
  description:       Change your own account info
  message:           Authentication is required to change your account info.
  vendor:
  vendor_url:
  icon:
  implicit any:      auth_admin_keep
  implicit inactive: auth_admin_keep
  implicit active:   auth_admin_keep
(..略..)
```

　D-Bus で多数の API が提供されますから、polkit で扱うことによりユーザーインターフェースや設定方法が統一でき、セキュリティ上重要な実装を集約できる利点があります。

polkitの利用例

リスト14.2はsystemdが定義しているorg.freedesktop.systemd1.manage-unitsというaction
の定義です。

リスト14.2　action定義の例 (/usr/share/polkit-1/actions/org.freedesktop.systemd1.policyより)

```
<action id="org.freedesktop.systemd1.manage-units">
        <description gettext-domain="systemd">Manage system services or other ⮒
units</description>
        <message gettext-domain="systemd">Authentication is required to manage ⮒
system services or other units.</message>
        <defaults>
                <allow_any>auth_admin</allow_any>
                <allow_inactive>auth_admin</allow_inactive>
                <allow_active>auth_admin_keep</allow_active>
        </defaults>
</action>
```

これは、service unitなどに対する管理操作時に、管理者としての認証を要求するポリシーで
す。actionのID、説明、ダイアログに表示するメッセージ、セッション状態ごとの認証要件 (**表
14.1、14.2**) が定義されています。

表14.1　polkitで扱うセッション状態

セッション状態	説明
allow_any	セッションの状態は何でも良い。
allow_inactive	コンソールに対応したセッションがあり非アクティブ。
allow_active	コンソールに対応したセッションがありアクティブ。

表14.2　polkitで利用できる認証の要件

認証の要件	説明
no	必ず失敗する (ので認証は不要)。
yes	必ず成功する (ので認証は不要)。
auth_self	セッションのユーザーとして認証が必要。
auth_admin	管理者ユーザーとして認証が必要。
auth_self_keep	auth_selfと同じだが数分間維持される。
auth_admin_keep	auth_adminと同じだが数分間維持される。

14

ssh接続した一般ユーザーの権限でsystemctl start httpd.serviceのようなコマンドを実行す
る例で、この設定で何が起きるか概要を見ていきます。

① systemctl は D-Bus 経由で systemd へ unit の管理操作をリクエストする。このとき、あとで登場するpkttyagentも起動する。

② systemd がこの操作に対応する org.freedesktop.systemd1.manage-units というアクションについて、polkit へ実行しても良いかを問い合わせる。

③ polkit は、systemctl プロセスのコンソール状態を確認して、allow_any タグの設定を利用する。auth_admin が必要なので、systemctl プロセスに対応する pkttyagent に、管理者ユーザーとしての認証を求める。

④ pkttyagent は管理者ユーザーとして認証する表示を行い、パスワード入力を受け付ける。

⑤ polkit は認証に成功したことを確認したのち、systemd へ action を許可する。

⑥ systemd はリクエストされた unit 管理操作を行う。

　ここでのセッションとは、第12章で登場した systemd-logind、またはデスクトップ環境が管理するセッションです。

　polkit の認証要件では「Subject のプロセスが特定のユーザーとして認証されている」という状態よりも厳しい条件として、対話的に認証を求めるしくみがあります。これは離席中などに本来権限がない人が操作を行う攻撃を難しくします。さらに、(sudo コマンドのように)認証したことを短時間維持して頻繁な認証を抑えるか、都度認証が必要かの設定も行えます。Linux をデスクトップ環境として利用している方は、管理者または本人としてのパスワード入力を求めるダイアログ（**図14.7**）を見たことがある方も多いと思います。

▌ 図14.7　polkit による認証ダイアログの例

polkitに対応しているデスクトップ環境であれば、認証のためのしくみが統合されています。ssh接続などの非デスクトップ環境では、Subjectにあたるプログラムがあらかじめpkttyagentを起動してからD-Busでのメッセージ送信を行うことで対応が可能です。systemctlでもこのしくみが活用されていて、**図14.8**のようにパスワードが要求されます。

▌図14.8　コンソール利用時のpkttyagentによる認証要求

```
$ systemctl stop cockpit.socket
==== AUTHENTICATING FOR org.freedesktop.systemd1.manage-unit-files ====
Authentication is required to manage system service or unit files.
Authenticating as: moriwaka
Password:
```

ポリシーをカスタマイズする方法

認証要件のデフォルトはプログラムと一緒に配布されるポリシーにより定義されますが、実際の要件はシステムによって異なりますからポリシーをカスタマイズできる必要があります。polkitではルールと呼ばれるJavaScriptのコードを/etc/polkit-1/rules.d/*.rules、/usr/share/polkit-1/rules.d/*.rulesに配置して、ポリシーで定義されたactionの認証要件を変更したり、特定グループに所属するユーザーを管理者として扱ったりするようなカスタマイズが可能です。

ルールについての詳細として、man page polkit（8）内のAUTHORIZATION RULES節に関係するtypeやコード例を含めた説明があります。ここでは簡単な例を挙げます。

リスト14.3はsystemdのサービスfoobar.serviceの起動／終了などの管理操作をhogeグループに所属しているユーザーに無条件で許可したい場合のルール例です。

▌リスト14.3　polkitのルール例

```
1: polkit.addRule(function(action, subject) {
2:     if (action.id == "org.freedesktop.systemd1.manage-units" &&
3:     action.lookup("unit") == "foobar.service") {
4:         if (subject.isInGroup("hoge")) {
5:             return polkit.Result.YES;
6:         }
7:     }
8: });
```

この内容を/etc/polkit-1/rules.d/10-foobar.rulesのような名前で配置します。polkitは認証要件が決まるまでファイル名の辞書順にルールを評価していきます。ルールで許可または拒否すると決まらなければ、ポリシーにあるデフォルトに従い動作します。

14

　リスト14.3の1行目のpolkit.addRuleはpolkitで利用するルールの追加を行う関数です。「actionとsubjectを渡して、認証要件か、この関数で処理しないことを返す」関数[注6]を渡します。2行目のaction.idはMechanismが確認しているactionのIDです。actionは引数を持っている場合があり、3行目のaction.lookupで参照できます[注7]。4行目のように、subjectのユーザーやグループも条件に利用できます。5行目では、認証を許可するpolkit.Result.YESを返していますから、希望の条件を満たした場合には認証が許可されます。それ以外の場合には未確定なので、次以降のルールおよびデフォルトのポリシーに判断をゆだねます。

14.5　CockpitからのD-Bus利用

　D-BusによるAPIの整備は、歴史的にLinuxデスクトップ環境でのGUIによるシステム管理を実現する文脈で整備されてきました。これをWeb管理UIに応用しているのがCockpitプロジェクトです[注8]。CockpitはRed Hat社がスポンサーしているWebベースのGUIコンソールを実装するプロジェクトで、RHELやFedora Linuxはもちろん、DebianやArch Linuxなど多くのディストリビューションで動作します（図14.9）。

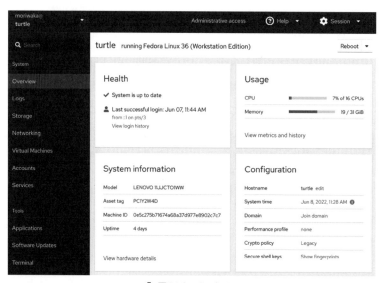

▌図14.9　Cockpit

注6　リスト14.3の例では、function によりその場で定義されています。

注7　リスト14.3で利用している "unit" 引数は、systemd 226 で導入されたため、それより前のバージョンでは利用できません。

注8　https://cockpit-project.org/

Cockpitは複数プログラムに分かれて実装されています（**図14.10**）。

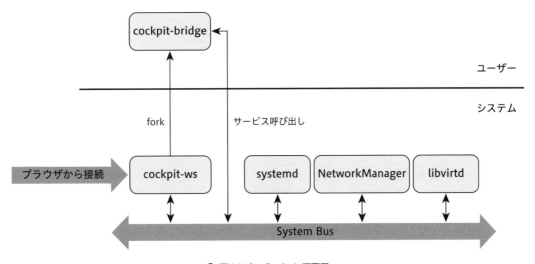

▌ 図14.10　Cockpit概要図

cockpit-wsがHTTPSの待ち受けを行い、ブラウザからのログイン情報で認証に成功すると、認証されたユーザーの権限でcockpit-bridgeプロセスを起動します。

cockpit-bridgeはユーザー権限でファイルへアクセスしたりコマンドを実行したりするほかに、D-BusでシステムサービスのAPIを呼び出します。sshでサーバへ接続するときのように、root権限で動作する範囲が非常に小さい点が特徴の1つです。

単純にCockpitが内部的にD-Busを呼び出せるというだけでなく、ブラウザ上で動作するJavaScriptからcockpit-bridge経由でD-Busへのメッセージ送受信を行うためにAPIが整備されていて積極的に活用されています。systemd、NetworkManager、libvirtd、Udisks、PackageKitなどとのやりとりがD-Busを経由して行われています。

14

systemd-resolved

15.1　名前解決サービスsystemd-resolved

　ホストの名前解決サービス（ホスト名から対応するIPアドレスなどを検索する、またはその逆の処理）を提供するsystemd-resolved（以下resolved）を紹介します。

　Fedora 37ではデフォルトで導入されていますが、Red Hat Enterprise Linux 9ではresolvedはTechnology Previewとして提供されており、サポート対象外です。

　関係するman pagesはhosts（5）、nss（5）、nsswitch.conf（5）、resolv.conf（5）、resolved（8）、resolved.conf（5）、nss-resolve（8）、resolvectl（1）です。

　resolv.confとresolved.confがすでにまぎらわしいですが、"resolve"という単語について従来のしくみではeが付かず、resolvedではresolveとeが付きます。

- resolv 　　……従来のしくみの場合の表記
- resolve 　　……resolvedの場合の表記

15.2　systemd-resolvedの概要

　resolvedは複数の名前解決方法のプロキシとして動作して、ローカルシステム内にホストの名前解決サービスを提供します。

　既存のしくみと比較すると、システム全体に対してだけではなくネットワークのリンク（Ethernet、Wi-Fi、VLAN、PPP、VPNなどのネットワークデバイス）ごとにDNSサーバと探索対象のドメインを構成でき、任意のタイミングで構成が変更されることを想定している点が特徴です。名前解決時には複数リンクそれぞれのDNSサーバなどへ並行してクエリを送ります。このしくみによりマルチホーム環境[注1]や、LANとVPNに接続していてそれぞれにプライベートDNSゾーンがある場合に（名前が衝突しなければ）対応できます。D-Busインターフェースで任意のタイミングで構成変更を受け付け、resolvedが即座に名前解決に反映します。resolvedは名前解決結果のキャッシュも行います。

注1　マルチホームとは、冗長性確保や負荷分散のために複数の経路によってインターネットに接続すること。

　名前解決のためのプロトコルとして/etc/hosts、DNS、DNS over HTTPS、LLMNR[注2]、および mDNS[注3]に対応しています。

　resolvedを利用すると価値があるおもな場面は次のような場合です。

- VPN接続やマルチホーム環境で複数のDNSサーバを並行して検索したいとき
- ローカルネットワーク内のホスト名解決にLLMNRを利用したいとき
- DNS over HTTPS を利用したいとき

15.3　systemd-resolvedを利用しない場合

　resolvedの話に入る前に、resolvedを利用しない従来のLinux環境での名前解決のしくみについて簡単に紹介します（**図15.1**）。

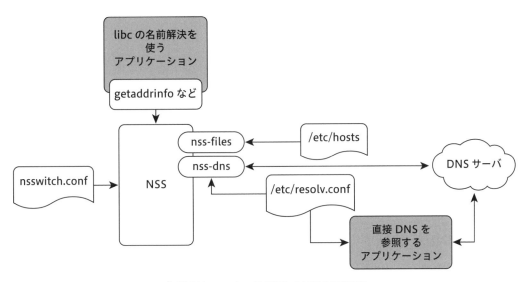

▌ 図15.1　resolvedを利用しない場合の概要図

注2　Link-local Multicast Name Resolution。ローカルセグメント上でDNSなしで名前を解決するためのプロトコル。おもにWindowsで利用されます。

注3　Multicast DNS。ローカルセグメント上でDNSなしで名前を解決するためのプロトコル。おもにApple製品で利用されます。

　ここでは、名前解決にlibcの名前解決関数を利用するアプリケーションと、直接DNSを参照するアプリケーションの2通りに分けて説明します。

名前解決関数を使うアプリケーション

　まず、libcの名前解決関数を使うアプリケーションの例を見ます。これらはgethostbyname、getaddrinfoなどの関数を呼び出して名前解決をリクエストします。これらの関数は標準Cライブラリで提供されていて、GNU C Library（glibc）ではGNU Name Service Switch（NSS）というしくみで、名前解決のリクエストを受けたときに実際にどのようにして検索するかのバックエンドを設定できるようになっています。

　NSSの設定ファイルは/etc/nsswitch.confです。この設定ファイルに従って、NSSでは複数のしくみを使って名前解決を行います。たとえば、**リスト15.1**のように記述されている状態であるホストのアドレスを参照しようとすると、①files指定から/etc/hostsを参照してホスト名を解決しようとします。②dns指定から/etc/resolv.confを参照してDNSへクエリを送信します。①で名前解決に成功すればそれで終了し、できなければ②で名前解決を試みます。①、②ともに失敗すると名前解決に失敗したというエラーを返します。

▎ リスト15.1　/etc/nsswitch.conf内hosts行の例

```
hosts:        files dns
```

　/etc/resolv.confにはDNSサーバを最大3つまで記述でき、記述順にクエリを送信します。タイムアウトした場合や到達できない場合には、次のサーバへクエリを送信します。最初に名前に対応するアドレスを発見するか、アドレスが存在しないことを発見すると、そこでアプリケーションへ応答を返します。このときにDNSへ問い合わせるしくみはlibc内に実装されています。libcを利用する各プログラムがそれぞれ独立したDNSクライアントとして動作します。

直接 DNS を参照するアプリケーション

　直接DNSを参照するアプリケーションもあります。DNSクエリを直接扱う**dig**コマンドなどです。これらもデフォルトのDNSサーバを決めるために/etc/resolv.confを参照します。

15.4 systemd-resolvedを利用する場合

resolvedはD-Busとvarlink[注4]でAPIを提供していますが、前述の2種類のアプリケーション群と互換性を維持するために、NSSへの対応およびローカルホスト用のDNSスタブリゾルバを提供しています。そのため、関係するコンポーネントが多くなっています（**図15.2**）。

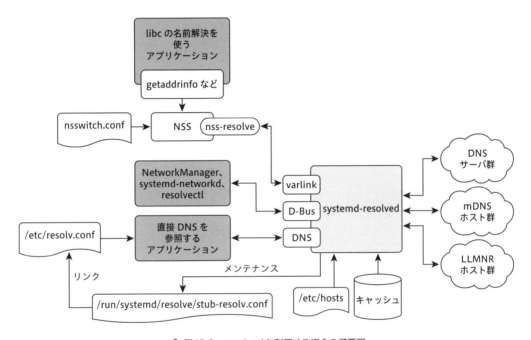

▌ 図15.2　resolvedを利用する場合の概要図

　DNSスタブリゾルバとはクライアントからDNSでのクエリを受け付けますが、自分では名前解決の動作は行わずに外部のDNSサーバにクエリを送るだけのものです。

名前解決関数を使うアプリケーション

　resolvedはlibcの関数で名前解決するアプリケーション用に、nss-resolveというNSSモジュールを提供しています。nss-resolveはvarlinkによるAPIを経由してresolvedの名前解決を利用します。いずれのプロトコルを使う場合も各アプリケーションはresolvedと通信して名前解決を行

注4　JSONを使ったテキストベースのAPI。https://varlink.org/

い、resolvedだけが外部のサービスと通信します。

　実際のディストリビューションではsystemd-resolvedが無効にされる場合も考慮して、従来の
しくみと併存しているため、もう少し複雑になります（**図15.3**）。

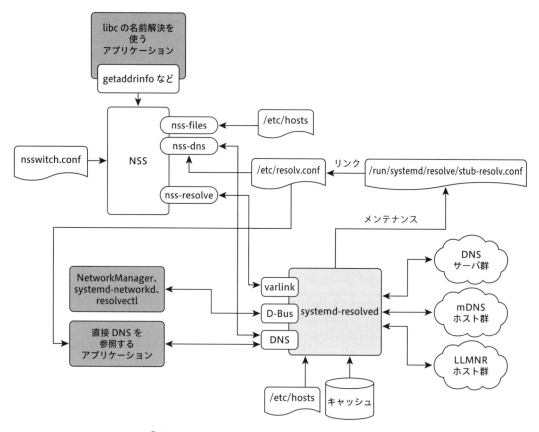

▌ 図15.3　resolvedと従来の設定の両方に対応した場合

　systemd-resolvedは起動時に/etc/resolv.confをシンボリックリンクに置き換えますが、起動
しなければ従来のしくみがそのまま利用されます。

　nss-resolveを利用するには、/etc/nsswitch.confで**リスト15.2**のように記述します。

▌ リスト15.2　nss-resolveを利用するnsswitch.confの例

```
hosts:  resolve [!UNAVAIL=return] files dns
```

　[!UNAVAIL=return]とあるのは、「resolvedが動作していない（UNAVAIL）以外のエラー
ではすぐ終了して、後続のモジュールでの解決をこころみない」という意味です。そのため、こ

の設定例では、resolvedが動作している場合にはnss-resolvedだけを利用し、動作していない場合には従来と同じく /etc/hostsを参照したのちdnsを参照します。

直接 DNS を参照するアプリケーション

　直接DNSを参照する（直接 /etc/resolv.confを参照する）アプリケーション用に、resolvedは /run/systemd/resolve/stub-resolv.confを作成して /etc/resolv.confをそのファイルへのシンボリックリンクとします[注5]。デフォルトでは127.0.0.53:53で待ち受けを行います。

15.5　DNS 設定変更を行うアプリケーション

　ネットワーク設定を行い、DNSサーバ設定を変更したいソフトウェアは、従来 /etc/resolv.confを編集していました。具体的にはDHCPクライアント、dnsmasq、各種のVPNソフトウェアなどが該当します。複数のしくみからresolv.confを編集したい場合、何らかの方法で調停が必要です。たとえば、NetworkManagerで管理する方法や、openresolv[注6] の `resolvconf` コマンド経由で管理する方法があります。

　NetworkManagerや systemd-networkd（第16章）はresolvedに対応しており、D-Bus経由でresolvedへ名前解決方法の変更を伝えます。systemd-resolvedに対応するネットワーク設定マネージャは、/etc/resolv.confの状態を確認してresolvedが利用されている場合と利用されていない場合の両方の場合に対応することが推奨されています[注7]。

　resolvedを意識していないソフトウェアへの互換性を提供するため、（openresolvの `resolvconf` コマンドの一部機能に対応する） `resolvconf` コマンドが提供されています。このコマンドはDNSサーバとドメインの組み合わせの追加／削除を受け付けてresolvedへ伝えます。

　resolved管理用クライアントとして `resolvectl` が提供されているので、このコマンドを利用してresolved用にDNSの設定変更を行うことも可能です。

注5　resolved の設定により resolv.conf のシンボリックリンク先や resolved による管理の有無が変わります。この記事では DNS スタブリゾルバを利用するデフォルトの設定だけを扱います。

注6　http://roy.marples.name/projects/openresolv/

注7　Writing Network Configuration Managers
　　　https://www.freedesktop.org/wiki/Software/systemd/writing-network-configuration-managers/

15.6　systemd-resolvedの名前解決設定

　resolvedでは、システム全体のグローバルな名前解決と、リンクごとの名前解決を設定します。たとえば、**図15.4**は`resolvectl`コマンドでresolvedの状態を表示した例です。

▌ 図15.4　resolvectlの設定表示例

```
$ resolvectl
Global
       Protocols: LLMNR=resolve -mDNS -DNSOverTLS DNSSEC=no/unsupported
resolv.conf mode: stub

Link 2 (enp1s0f1)
    Current Scopes: DNS LLMNR/IPv4 LLMNR/IPv6
         Protocols: +DefaultRoute +LLMNR -mDNS -DNSOverTLS DNSSEC=no/unsupported
Current DNS Server: 2404:1a8:7f01:a::3
       DNS Servers: 202.232.2.3 202.232.2.2 2404:1a8:7f01:b::3 2404:1a8:7f01:a::3

Link 3 (wlp2s0)
    Current Scopes: DNS LLMNR/IPv4 LLMNR/IPv6
         Protocols: +DefaultRoute +LLMNR -mDNS -DNSOverTLS DNSSEC=no/unsupported
Current DNS Server: 202.232.2.3
       DNS Servers: 202.232.2.3 202.232.2.2 2404:1a8:7f01:b::3 2404:1a8:7f01:a::3

Link 7 (tun0)
    Current Scopes: DNS LLMNR/IPv4 LLMNR/IPv6
         Protocols: -DefaultRoute +LLMNR -mDNS -DNSOverTLS DNSSEC=no/unsupported
Current DNS Server: 10.68.5.26
       DNS Servers: 10.68.5.26 10.72.17.5
        DNS Domain: example.com ~example.net
```

　この例ではグローバルな名前解決についてはとくに設定されていませんが、リンクによらず有効な設定は/etc/systemd/resolved.confで設定し、Globalの設定として確認できます。

　リンクごとの設定は、systemd-networkd を利用している場合は /etc/systemd/network/*.network で設定し、Fedora 37 のように NetworkManager を利用していれば /etc/NetworkManager/system-connections/*で設定します。

　グローバルな名前解決が設定されていれば、リンクごとの名前解決と並行してグローバルで設定されたDNSサーバへクエリが実施されます。

図15.4では、リンクenp1s0f1、wlp2s0、tun0のそれぞれにDNSサーバが設定されています。はじめの2つはEthernetとWi-Fiで同一のルータに接続しており、tun0は勤務先のVPNへ接続されています。この例にはありませんが、DNSが設定されないリンクも存在できます。

tun0の表示内にDNS Domainという欄があります。これは特定ドメインに対する検索でこのDNSを利用するという指定です。"example.com"と"~example.net"の2つが定義されていますが、前者は検索ドメインと呼ばれ、単一ラベルのクエリ"hoge"を解決するときにドメイン名をつなげて"hoge.example.com"のクエリを行います。後者はルーティングドメイン[注8]と呼ばれ、"hoge"を解決しようとして"hoge.example.net"のクエリを行うことはありませんが、"fuga.example.net"のようにドメインが一致する場合には優先して利用されます。glibcのNSS DNSリゾルバはこのような構成を扱えません。

各リンクに複数のDNSサーバが設定されている場合、リクエストのタイムアウトや無効な回答が発生したタイミングで次のサーバへ切り替えられ、最後のサーバでの失敗では先頭のサーバに切り替えてそれを無限に続けます。あるリンクに設定されたDNSサーバの間には優先順位などはありません。

15.7 Synthetic records

システムの状況を基にsystemd-resolvedが自動的に設定するDNSリソースレコードがいくつかあります。これらをSynthetic recordsと呼びます。

システムのホスト名はリンクに設定されているIPアドレス群として解決されます。もしリンクにIPアドレスが何も設定されていない場合はIPv4の127.0.0.2とIPv6の::1として解決されます。

"localhost"、"localhost.localdomain"、".localhost"で終わるホスト名、".localhost.localdomain"で終わるホスト名はすべて127.0.0.1と::1として解決されます。

"_gateway"はデフォルトゲートウェイのアドレスとして解決されます。デフォルトゲートウェイが設定されていない場合は解決されません。

"_outbound"はほかのホストとの通信に使われそうなローカルIPアドレスとして解決されます。これはデフォルトゲートウェイとの通信に使われるローカルIPアドレスです。

/etc/hostsで定義されたアドレスとその逆引きも定義されます。

15

注8　名前がまぎらわしいですがDNSの問い合わせだけに影響するもので、IPのルーティングとは無関係です。

15.8 名前解決の優先順位づけ

　systemd-resolvedでは、前述のとおりリンクごとにDNSサーバや名前解決プロトコルを利用でき、優先順位づけが行われます。詳細はman systemd-resolvedのPROTOCOLS AND ROUTINGSに記載されていますが、ここでは、LLMNRとmDNSは省略して、おもにDNSについて見ていきます。

① Synthetic recordsに対応する名前があれば、応答がすぐ返される。

② 単一ラベル（"hoge"のような"."を含まないもの）のクエリは、各リンクでDNSの検索ドメインが定義されている場合、それぞれのドメインを付けて並行に検索する。

③ マルチラベル（"www.example.com"のような"."を含むもの）のクエリは、グローバルのDNSサーバと、各リンクのDNSサーバに対して並行してクエリを行う。ただし、ドメイン".local"はmDNSでの利用のために予約されているので、明示的にドメインとして"local"を定義している場合にしか検索されない

　③の場合に、複数のDNSサーバへクエリを行う可能性があります。このとき、検索ドメインまたはルーティングドメインが最長一致するリンクを優先してクエリを送信します。最長一致するリンクが複数ある場合、最長一致する全DNSサーバへクエリを送信して最初の応答で解決します。解決できない場合、まだクエリを送信していないリンクの中でのドメインが最長一致するものへ順次クエリを行い、最後にドメインが設定されていないリンクのDNSサーバへクエリを送ります。一致しないドメインが設定されたDNSサーバには問い合わせは行われません。

　具体例を見てみましょう。図15.5のように、`resolvectl domain`でDNSドメインの一覧を確認できます。

▌図15.5　DNSドメイン表示例

```
$ resolvectl domain
Global:
Link 2 (enp1s0f1):
Link 3 (wlp2s0):
Link 8 (tun0): example.com ~example.net
```

▤ 例1　単一ラベルのクエリ

`resolvectl query hoge`と実行すると、検索ドメイン"example.com"が定義されているtun0に対して、"hoge.example.com"のクエリが送信されます。

▤ 例2　マルチラベルのクエリ

`resolvectl query fuga.example.org`と実行すると、検索ドメインまたはルーティングドメインで一致するリンクはありませんから、ドメインが設定されていないenp1s0f1とwlp2s0の両方のDNSサーバへクエリを送信します。tun0はドメインが一致しないので利用されません。

この例でenp1s0f1をwlp2s0より常に優先したい場合、特殊なルーティングドメインとして"~."を設定します。これはどんなドメインとも最短で一致するドメインです。別の利用方法として、tun0だけに"~."を指定すると、すべてのドメインの名前解決でtun0が優先されて、tun0のDNSサーバで名前解決できなかった場合にだけほかのサーバへ問い合わせます。

systemd の
その他の機能

16.1 ここまでに扱ったトピック

本章は今までのふりかえりと、扱わなかったトピックのうちいくつかを紹介します。
ここまでに扱ってきたおもなトピックは、次のものです。

- systemdのunit file
- unit
- unit間の依存関係
- systemdによる実行環境の準備
- 各unitタイプ（target、service、timer、path、socket、mount、automount、swap、slice、scope、device）
- generator
- cgroup管理
- udevによるデバイス管理
- systemd-journaldによるログ管理
- systemd-coredumpによるcore dump管理
- systemd-logindによるユーザーセッションや電源操作の管理
- systemd-tmpfilesによるファイル作成／削除
- システム内APIの基盤になるD-Busとpolkit
- systemd-resolvedによる名前解決

　systemdプロジェクトが扱う幅広い領域の中にはまだ扱っていないトピックが多数あります
が、現在の典型的なRed Hat Enterprise Linuxサーバでよく登場する領域はおおむねカバーで
きたと思っています。

16.2 systemd-networkd

　ここから、簡単にsystemd-networkd（以下networkd）を紹介します。Fedora 37ではパッケー
ジが提供されていますが、Red Hat Enterprise Linuxではnetworkdは提供されておらずサポー

ト対象外です。

関係する man pages は、systemd-networkd（8）、systemd.link（5）、systemd.netdev（5）、systemd.network（5）です。

典型的な利用方法については各 man pages の EXAMPLES のほか、Arch Wiki がまとまっています[注1]。

systemd-networkd の概要

networkd は Linux のネットワークデバイスを管理するサービスです。ネットワークデバイスの接続や状態変化を検出して設定したり、仮想ネットワークデバイスを新規に作成／設定したりします。DHCP クライアントと DHCP サーバも提供します。

類似した位置付けのサービスである NetworkManager と比較すると、（WireGuard 以外の）VPN や Wi-Fi 設定、モデム管理などを networkd は扱いません。たとえば、Wi-Fi を利用する場合には、別途 wpa_supplicant や iwd を利用しますが、それらの管理は networkd では行いません。また、デスクトップ環境や Cockpit などから設定変更を行うための D-Bus インターフェースを提供しません。

NetworkManager が多数の外部ソフトウェアを呼び出し管理するのに対して、networkd は他ソフトウェアへの依存が少ないので、initramfs に含めてネットワークから起動させたり、ストレージやメモリが少ない環境で利用したりするのに適しています。

networkd は第9章で紹介した udevd や第15章で紹介した systemd-resolved との統合が行われていて、設定ファイルや後述する ［Match］ セクションでの条件判断などが共通化されているので、systemd との統合が優れています。

systemd-networkd の設定ファイル

networkd は ini 形式の設定ファイル *.netdev、*.network を利用します。udevd は設定ファイル *.link を利用します。プログラムは異なりますが、配置ディレクトリや設定内容に共通点がありますので、networkd の設定ファイルとともにあとの項で紹介します。

これらの設定ファイルは、unit file と同様に複数のディレクトリに配置／評価されます。設定ファイルを配置するディレクトリは次のとおりです。

注1　https://wiki.archlinux.jp/index.php/Systemd-networkd

- /usr/lib/systemd/network
- /usr/local/lib/systemd/network
- /run/systemd/network
- /etc/systemd/network

　設定の評価順序およびディレクトリの優先順位はunit fileと同じで、ディレクトリによらずファイルの名前順に評価され、同じ名前のファイルが複数ディレクトリにある場合にはディレクトリの優先度に従ってオーバーライドされます。/etcが最も優先され、/runが続き、ディストリビューションやパッケージが提供する設定は最低の優先度です。ドロップインによる一部設定の変更も利用できます。

　unit fileと異なる特徴として、各設定間の依存関係がなくファイル名の順に処理されます。ファイル名には10-eth0.linkのように数字でprefixを設定することが推奨されています。あらかじめ/usr/lib/systemd/network/99-default.linkなどの設定ファイルが用意されています。

▶ *.link

　第9章の最後でudevd内のnet_setup_linkがNIC（Network Interface Card）の命名を行っていて、*.linkの設定に従うことに言及しました。この設定ファイルについてもう少し詳しく見てみます。

　.linkはudevdによるネットワークデバイスのセットアップ時に参照されます（RHELでも利用可能です）。udevdのルールから内蔵コマンドnet_setup_linkが呼ばれると、ファイル名順に条件を満たす最初の.linkファイルを探し、その設定に従ってネットワークデバイスを設定します。

　条件は設定ファイル内の［Match］セクションで指定します。ここではネットワークデバイスやシステムについての条件を指定します。具体的にはMACアドレス、ドライバの種類、"ether"や"wlan"などのタイプ、カーネルが設定したデバイスの名前、udevdが実行されている仮想化環境やコンテナ環境の種類、ホスト名、カーネルのコマンドラインなどです。

　環境による条件づけは、仮想化環境の場合にだけホストと通信するためのネットワークを設定するような使い方で有効です。systemdのunitで利用できるConditionVirtualizationと［Match］のVirtualizationのように、1対1に対応する条件については共通のしくみで判定しています。

　すべての条件を満たしているか［Match］セクションが空の場合に条件を満たすと判断されます。

　設定したい内容は［Link］セクションで指定します。［Link］セクションでは、aliasの作成、MACアドレスの変更、NIC命名のポリシー設定、NICの名前設定のほか、（ethtoolで指定するよ

うな）各種のオフロード^{注2}や帯域などの設定を行えます。ネットワークデバイスの状態をデフォルトから変更する必要がなければ、とくに*.linkを作る必要はなく、あらかじめ用意されているデフォルトが利用されます（**リスト16.1**）。

▌ リスト16.1　デフォルトの設定内容 (/usr/lib/systemd/network/99-default.link)

```
[Match]
OriginalName=*

[Link]
NamePolicy=keep kernel database onboard slot path
AlternativeNamesPolicy=database onboard slot path
MACAddressPolicy=persistent
```

　この［Match］セクションはすべてのネットワークデバイスに適合し、デフォルトの命名規則とMACアドレス生成のポリシーを設定しています。［Link］の`NamePolicy`はNICの命名ポリシーを設定します。空白区切りで複数のポリシーを設定でき、先頭から順に試して最初に成功した方法で名前を設定します。**表16.1**は設定可能なポリシー一覧です。

▌ 表16.1　NamePolicyに設定できるポリシー一覧

ポリシー名	意味
kernel	カーネルが命名した名前が予測可能な名前であるとカーネル内で指定されている場合に成功する。
database	udevのハードウェアデータベースにID_NET_NAME_FROM_DATABASEキーがある場合、それに基づいて命名し、成功する。
onboard	オンボードデバイスとしてファームウェアに情報がある場合、それを利用して命名して成功する（例：eno1）。
slot	ホットプラグ可能なデバイスとしてファームウェアに情報がある場合、それを利用して命名して成功する（例：ens1）。
path	デバイスの物理的な接続パスに基づいて命名して成功する（例：enp1s0）。
mac	デバイスの永続的なMACアドレスに基づいて命名して成功する（例：enxe04f43e8ead6）。
keep	すでにユーザースペースで名前が設定されていれば成功する。

　リスト16.2は特定のMACアドレスを持つNICに、dmz0という名前を設定する例です。

注2　Linuxカーネルのネットワークスタックで行う処理の一部をNICのハードウェアで代わりに実行すること。NICにより対応できるオフロード処理が異なります。

▍リスト16.2 特定のNICに任意の名前を設定する例 (10-dmz0.link)

```
[Match]
MACAddress=00:a0:de:63:7a:e6

[Link]
Name=dmz0
```

　この設定では、udevdのデフォルトのポリシー（99-default.link）より先にマッチすることが重要です。ファイル名を10-dmz0.linkのような名前にして、デフォルトより先に評価されるようにします。

➡ *.netdev

　networkdは仮想ネットワークデバイスを作成します。ここで言う仮想ネットワークデバイスとは、通常のハードウェアと直接対応しないLinuxのネットワークデバイス全般です。複数のNICを集約するbondや、逆に1つのNICを複数に分離するvlan、vxlan、geneveのように通常のハードウェアをベースにするもののほか、NICとは独立して作成されるloop、tun、tap、veth、bridgeなど多数の種類があります。networkdがサポートする仮想ネットワークデバイスの種類とそれぞれの説明がまとまった一覧表がman systemd.netdevのSUPPORTED NETDEV KINDSにあります。

　systemd-networkdは*.netdevの定義に従って仮想ネットワークデバイスを作成しますが、仮想もしくは通常のネットワークデバイス間の関係は、次の項で紹介する*.networkで定義します。そのため、bond、vlan、bridgeのようなほかのネットワークデバイスとの関係づけが必要な仮想ネットワークデバイスを作成するには複数ファイルで設定します。

　リスト16.3の設定ファイルの形式は*.linkと同様の［Match］セクションでシステム環境についての条件を確認して、条件を満たす場合に［NetDev］セクションで指定した種類の仮想ネットワークデバイスを作成します。

▍リスト16.3 ベアメタル環境でのみVLANインターフェースを作成する例 (30-vlan1.netdev)

```
[Match]
Virtualization=no

[NetDev]
Name=vlan1
Kind=vlan

[VLAN]
Id=1
```

　Kindで指定する仮想ネットワークデバイスの種類に従って、bondなら［Bond］、vlanなら［VLAN］のように対応するセクションで仮想ネットワークデバイスの設定を行います。それぞれのセクションで利用できるオプションのリストも man systemd.netdev に記載されています。

▶ *.network

　それぞれの（通常と仮想両方の）ネットワークデバイスについて、［Match］セクションで条件を判定してすべて満たされる場合、［Network］セクションの設定を行います。IPアドレス設定、DNSサーバ設定、ARP（Address Resolution Protocol）やIPv6のNDP（Neighbor Discovery Protocol）の有効／無効の設定、帯域制御など多数の設定をこのファイルで設定します。

　*.networkは networkdだけでなく、第15章で紹介した systemd-resolved の設定ファイルも兼ねています。DNS や Domains での指定が systemd-resolved に読み込まれます。

　リスト16.4はごくシンプルなネットワーク設定例です。

▌ リスト16.4　固定IPのシンプルなネットワークを設定する例 (50-static.network)

```
[Match]
Name=enp2s1

[Network]
Address=192.168.0.2/24
Gateway=192.168.0.1
DNS=192.168.0.1
Domains=example.com
```

　リスト16.5は2つのNICをたばねたbondデバイスを作成する例です。

▌ リスト16.5　bondデバイスを作成する例

▼ /etc/systemd/network/30-bond1.netdev

```
## bond1デバイスを作成する
[NetDev]
Name=bond1
Kind=bond
```

▼ /etc/systemd/network/30-bond1.network

```
## bond1でDHCPv6を利用する
[Match]
Name=bond1

[Network]
DHCP=ipv6
```

16

▼ /etc/systemd/network/30-bond1-dev1.network

```
## bond1にNICを追加（1つめ）
[Match]
MACAddress=52:54:00:e9:64:41

[Network]
Bond=bond1
```

▼ /etc/systemd/network/30-bond1-dev2.network

```
## bond1にNICを追加（2つめ）
[Match]
MACAddress=52:54:00:e9:64:42

[Network]
Bond=bond1
```

systemd-network-generator

シンプルで典型的なネットワーク構成では、systemd-network-generatorを利用することができます。これは名前のとおりgeneratorですが、設定ファイルではなく起動時のカーネルコマンドラインで指定した情報から、今まで説明した*.link、*.netdev、*.networkを作成します。たとえば、DHCPによる自動設定を行う場合ip=dhcpと指定するだけです。

DNSの検索ドメインが設定されずホスト名が設定されますが、**リスト16.4**に近い設定も以下をオプションとして渡すことで行えます。

```
ip=192.168.0.2::192.168.0.1:255.255.255.0:fedorahostname:enp2s1:none:192.168.0.1
```

networkctl コマンド

networkctlはnetworkdが提供しているD-Bus APIのクライアントで、各ネットワークデバイスの状態表示と、いくつかの操作（up、down、renew[注3]、reconfigure[注4]、reload[注5]）を提供します（図16.1）。

注3　DHCP などダイナミックな設定の更新。
注4　設定の再適用用。
注5　設定ファイルの読み込み。

▌ 図16.1　networkctlコマンドの実行例

```
$ networkctl      ←現在のリンク一覧とその状態を表示する
IDX LINK    TYPE      OPERATIONAL SETUP
  1 lo      loopback  carrier     unmanaged
  2 enp1s0  ether     routable    configured

2 links listed.

$ networkctl status   ←現在のシステム全体のネットワーク状態を表示
●        State: routable
  Online state: online
      Address: 10.0.2.15 on enp1s0
               fec0::5054:ff:feb0:3a1c on enp1s0
               fe80::5054:ff:feb0:3a1c on enp1s0
      Gateway: 10.0.2.2 on enp1s0
               fe80::2 on enp1s0
          DNS: 10.0.2.3

Sep 13 16:39:23 fedora systemd-networkd[1181]: enp1s0: Link DOWN
Sep 13 16:39:23 fedora systemd-networkd[1181]: enp1s0: Lost carrier
Sep 13 16:39:23 fedora systemd-networkd[1181]: enp1s0: DHCP lease lost
Sep 13 16:39:23 fedora systemd-networkd[1181]: enp1s0: DHCPv6 lease lost
Sep 13 16:39:43 fedora systemd-networkd[1181]: enp1s0: Link UP
Sep 13 16:39:43 fedora systemd-networkd[1181]: enp1s0: Gained carrier
Sep 13 16:39:43 fedora systemd-networkd[1181]: enp1s0: DHCPv4 address 10.0.2.15/24, ⤵
gateway 10.0.2.2 acquired from 10.0.2.2
Sep 13 16:39:44 fedora systemd-networkd[1181]: enp1s0: Gained IPv6LL

$ sudo networkctl down enp1s0   ←enp1s0をdown
$ networkctl      ←リンク一覧と状態を表示するとenp1s0がoffになっている
IDX LINK    TYPE      OPERATIONAL SETUP
  1 lo      loopback  carrier     unmanaged
  2 enp1s0  ether     off         configured

2 links listed.
```

16

195

16.3　その他の機能

冒頭で触れたように、systemd に含まれていて本書で扱わなかったものが多数あります。一部について、名前とおもな機能を紹介します。いずれも man pages から詳細および関連ドキュメントを見つけることができます。

クレデンシャル管理

systemd は unit に暗号鍵、証明書、パスワードなどのクレデンシャルを（ほかのサービスからアクセスできないよう）安全に渡すためのしくみ[注6]を持っています。このしくみを使って systemd から各 service へクレデンシャルを渡すことと、unit file に記述したクレデンシャル（平文または暗号文）をプログラムに渡すことができます。

systemd-creds はクレデンシャルの暗号化、復号、一覧などを行うツールです。

メモリ不足のハンドル

systemd-oomd は cgroup v2 で取得できるメモリプレッシャー情報を用いたユーザーランドで実装された OOM Killer です。Linux カーネルの OOM Killer が動作するより前にメモリ消費が大きなサービスやアプリケーションを停止します。Linux カーネルの OOM Killer は細かな設定ができないのに対して、systemd-oomd では unit 単位での制御が可能になります。

このサービスを利用する場合は適切なサイズの swap 領域を設定しておくことが重要です。systemd-oomd の man page からも参照されている「スワップの弁護：よくある誤解を解く」[注7]を一読することをお勧めします。

ホームディレクトリへユーザーメタデータを付与

現在よく使われるしくみでは、ブロックデバイスの暗号化はシステム起動時に復号されて、ユーザーのホームディレクトリは権限があれば簡単にアクセスできます。systemd-homed は人に対応するユーザーのログインとホームディレクトリを格納するイメージファイル（またはブロックデバイス）のストレージ暗号化（またはファイルシステム暗号化）を連携させます。

注6　System and Service Credentials (https://systemd.io/CREDENTIALS/) や man systemd.exec (5) 内 CREDENTIALS を参照。
注7　https://chrisdown.name/ja/2018/01/02/in-defence-of-swap.html

　ユーザーはログイン時にストレージ復号用パスワードを入力します。パスワードを使ってホームディレクトリの復号およびマウントが成功した場合にだけログインが成功します。ログアウト時にはアンマウントされます。

　ユーザーがログインしていない間はホームディレクトリが暗号化されていますから、安全性が向上します。さらにホームディレクトリ内の~/.identityにユーザーやグループのデータを含めることで、ホームディレクトリを複数マシン間で移動させることを容易にします。

ユーザーとグループのデータベース

　systemd-homedを利用する場合、ホームディレクトリに対応するユーザーやグループは/etc/passwdに登録されていない場合があります。その場合はログイン／ログアウトのタイミングで~/.identityファイルからダイナミックにユーザーやグループを追加／削除します。

　systemd-userdbはユーザーとグループを取得するVarlink APIと、glibcのNSS用バックエンド（nss-systemd）を提供します。systemd-homedを使うユーザー、サービスのDynamicUserディレクティブで指定されたユーザー、従来から使われる/etc/passwd、/etc/group、/etc/shadow、/etc/gshadowをまとめてAPIでアクセスできるユーザーとグループのデータベースを提供します。

時刻管理

　systemd-timedatedは、時刻指定やNetwork Time Protocol（NTP）の利用有無、タイムゾーンなどをroot以外の一般ユーザーから設定可能にするD-Busインターフェースを提供します。timedatectlコマンドから、systemd-timesyncd、chronyd、ntpdのような時刻同期サービスの有効／無効を切り替えたり、タイムゾーンを設定したりできます。

　systemd-timedatedはD-Bus Activationを利用して起動されるサービスで、timedatectlコマンドやGNOME SettingsからD-Busインターフェースへのアクセスがあった場合にだけ起動し、しばらくアクセスがないと自動的に停止します。

　systemd-timesyncdは、SNTP（Simple Network Time Protocol。NTPのサブセット）に対応しています。

オフラインアップデート

　systemd-system-update-generatorやdnfのsystem upgradeプラグインにより、systemdはあらかじめダウンロードしたパッケージを、一度再起動したあとにほとんどのサービスが動作して

16

いない状態でインストールし、さらに再起動することでシステムのアップデートを行うしくみを
持っています。

　最近の Fedora のメジャーバージョン更新や gnome-software による更新ではこのしくみを利
用できます。アップデート動作の概要が man page の systemd.offline-updates（7）にまとまって
います。

索引

著者プロフィール

森若 和雄（もりわか かずお）

レッドハット株式会社所属（2023年10月現在）の自称RHELおじさん。1976年生まれ。Linuxとの出会いは1996年から。

2007年の入社以来Red Hat Enterprise Linuxのプリセールスエンジニアとして技術支援および情報発信などに従事。サーバ仮想化に利用するXen、KVMや、Linuxカーネルのトレーニングの作成／実施、ファイルシステム実装の調査報告なども行いました。

systemdとのかかわりでは、当初、日常的にDebian、Fedora、RHELを扱っている中で、systemdにより幅広い設定や管理が統一されて感動しました。その後、スライド資料「systemdエッセンシャル」を作成／公開し、IT月刊誌『Software Design』に「systemd詳解」を連載。2023年からテクニカルサポート部門に異動したのちは、今まで以上にsystemdの知見が活用できています。本書にも各種のトラブル対応から得た知見をできるだけ反映しました。

■Staff

カバーデザイン・本文設計●轟木 亜紀子（トップスタジオデザイン室）

組版●株式会社トップスタジオ

編集担当●吉岡 高弘

Software Design plusシリーズ

systemdの思想と機能

Linuxを支えるシステム管理のための ソフトウェアスイート

2024年 1 月 3 日　初　版　第 1 刷発行
2024年 2 月29日　初　版　第 2 刷発行

著 者　森若 和雄

発行者　片岡 巌

発行所　株式会社技術評論社
　　　　東京都新宿区市谷左内町 21-13
　　　　電話　03-3513-6150　販売促進部
　　　　　　　03-3513-6170　第 5 編集部

印刷／製本　港北メディアサービス株式会社

定価はカバーに表示してあります

造本には細心の注意を払っておりますが、万一、乱丁（ページの乱れ）や落丁（ページの抜け）がございましたら、小社販売促進部までお送りください。送料小社負担にてお取り替えいたします。

ISBN978-4-297-13893-6　C3055

Printed in Japan

■お問い合わせについて

　本書の内容に関するご質問につきましては、下記の宛先までFAXまたは書面にてお送りいただくか、弊社ホームページの該当書籍コーナーからお願いいたします。お電話によるご質問、および本書に記載されている内容以外のご質問には、一切お答えできません。あらかじめご了承ください。

　また、ご質問の際には「書籍名」と「該当ページ番号」、「お客様のパソコンなどの動作環境」、「お名前とご連絡先」を明記してください。

宛先：
〒162-0846
東京都新宿区市谷左内町 21-13
株式会社技術評論社　第 5 編集部
「systemdの思想と機能」質問係
FAX：03-3513-6179

■技術評論社 Web サイト
https://gihyo.jp/book/2024/978-4-297-13893-6

　お送りいただきましたご質問には、できる限り迅速にお答えするよう努力しておりますが、ご質問の内容によってはお答えするまでに、お時間をいただくこともございます。回答の期日をご指定いただいても、ご希望にお応えできかねる場合もありますので、あらかじめご了承ください。

　なお、ご質問の際に記載いただいた個人情報は質問の返答以外の目的には使用いたしません。また、質問の返答後は速やかに破棄させていただきます。